COQUILLES

DE LA CORSE

CATALOGUE

DES

COQUILLES

DE

L'ILE DE CORSE.

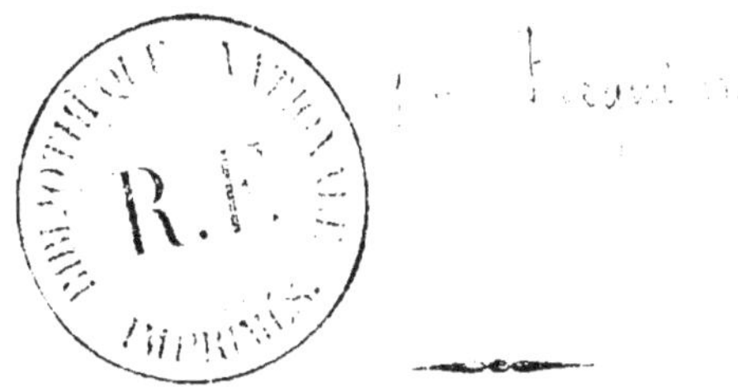

AVIGNON

CHEZ FR. SEGUIN AÎNÉ, IMPRIMEUR-LIBRAIRE

rue Bouquerie, 13.

1848

Au printemps de l'année 1822, j'étais venu en Corse pour y étudier la botanique de cette île, qui renferme beaucoup d'espèces de plantes qui ne croissent ni sur le continent français, ni même sur le sol de l'Italie. Mon ami Urbain Audibert, aîné, propriétaire du bel établissement de pépinières de Tonelle, près de Tarascon-sur-Rhône, voulut bien m'accompagner dans cette exploration.

En parcourant les plages de Bastia, d'Aléria, de Favona, Porto-Vecchio, Lavési, Cavallo, Ajaccio, Sagone, Galéria, Calvi, Saint-Florent, etc. je fus frappé de la quantité de coquilles qui les recouvraient, et je ne pus résister à la tentation d'en faire une ample provision.

Revenu à Avignon, je cherchai à déterminer celles qui m'étaient inconnues, et je reconnus que bon nombre des espèces que j'avais rapportées, n'étaient point décrites dans les ouvrages que je possédais, et devaient probablement être nouvelles. De plus, mon ami, le capitaine Pouzols, qui était en garnison à Bonifacio, m'avait communiqué ou fait recueillir plusieurs espèces intéressantes, entre autres l'Auricule pubescente, qui depuis a été publiée sous le nom de *Firminii*, et qui n'était pas rare alors, comme elle l'est aujourd'hui, sur l'*Ulva lactuca*, dans le port de Bonifacio ; l'*Helix lenticula* et *serpentina*, et surtout la belle espèce que, le premier, il a rencontrée sur le Monte Cagno, et que depuis j'ai recueillie dans toutes les localités montagneuses et humides de la Corse, même sur le point culminant du Monte d'Oro ; hélice qu'avec raison je voulais dédier à M. de Pouzols, et que je ne sais pour quel motif M. Payraudeau a appelée du nom de M. Raspail, qui n'est jamais venu en Corse, nommant une espèce qui, je crois, n'a encore été trouvée qu'en Dalmatie.

Je me proposais de publier les espèces nouvelles que nous avions rapportées, tant en plantes qu'en coquilles, mais je dus renoncer à ce projet pour les plantes, à cause de la publication des divers mémoires botaniques que s'était empressé de publier M. le profes-

seur Viviani, de Gènes, à qui le docteur Sé-
raphino, de Bonifacio, alors seulement étu-
diant en médecine, à Gènes, avait communiqué la plupart des espèces nouvelles que nous
et nos amis Soleirol et de Pouzols avions re-
coltées, et que nous lui avions signalées.

Il en fut de même pour les coquilles : l'ouvrage de M. Payraudeau parut en 1826 ; il
décrivait et figurait la presque totalité des espèces que j'avais rapportées , mais encore
beaucoup d'autres espèces qui ne m'étaient
pas tombées sous la main, ce qui n'avait rien
d'étonnant : M. Payraudeau , ayant fait un
long séjour en Corse , et s'étant particulière-
ment occupé de conchyliologie, devait donner
un ouvrage bien plus complet que je n'aurais
pu le faire alors ; aussi , je dus renoncer à
mon projet.

Après 25 ans, je suis revenu seul en Corse,
et je me suis principalement fixé à Ajaccio, où
j'ai débarqué en avril dernier. Tout en m'occupant principalement de botanique , je n'ai
pas négligé les coquilles , et mes recherches
n'ont pas été infructueuses.

De plus, j'ai tàché de former des amateurs
de cette branche intéressante de l'histoire naturelle, car en Corse, on ne recueille des co-

quilles sur les plages que pour en faire des fleurs, des bouquets, des boites, etc.

Quelques dames s'en occupaient dans ce but ; je leur ai fait connaître les noms des diverses espèces ; elles ont pris goût à cette étude, et leur zèle et leur émulation ont été imités par plusieurs personnes, et surtout par des officiers du 6e régiment d'infanterie de ligne. Je citerai principalement Madame Philippe et son mari, capitaine, Madame et M. Ponsart, aussi capitaine, M. Busschaerd, chirurgien major, MM. de Jancigny, Brice, Guerre, Chapoy et Roux, lieutenants au même régiment, qui tous ont formé des collections dont chacune renferme des espèces rares ou uniques.

Je dois aussi citer MM. Chauvet et Palle, directeurs du grand séminaire d'Ajaccio, qui ont eu l'heureuse et utile idée de commencer dans cet établissement un musée d'histoire naturelle que je me suis empressé d'accroître, et qui, un jour, sera fort utile, non-seulement à la ville d'Ajaccio, mais encore à tout le département. Je dois aussi mentionner M. l'abbé Crozet, aumônier des sœurs de Saint-Joseph, Madame et M. Klein, capitaine de gendarmerie à Ajaccio, M. Faure, employé des douanes à Bonifacio et à Bastia, M. Barincou, chirurgien à l'hôpital militaire de Bastia, M. Pennington, fils du consul anglais de Bastia, M. Romagnoli, peintre Romain, établi à Bastia, M. Pégulu, capitaine de recrutement à Ajaccio, M. Lefort, directeur de la pépinière départementale, M. Plassiard, ingénieur en chef du département, et son fils Léonce Plassiard, qui tous ont fait, cette année, des collections intéressantes. Mais celui qui, sans contredit, m'a été le plus utile et qui a fait les recherches lesplus fructueuses, c'est M Duminy, professeur de physique au collége d'Ajaccio : par ses infatigables et minutieuses investigations sur les espèces microscopiques, il a beaucoup augmenté la science conchyliologique de la Corse.

Depuis la publication de l'ouvrage de M. Payraudeau, bon nombre d'espèces que j'ai trouvées cette année ont été publiées par M. Philippi, dans son important ouvrage sur les mollusques de la Sicile. M. Blauner de Berne est venu deux fois en Corse à la recherche des coquilles terrestres et fluviatiles ; ses efforts ont été couronnés de succès, et il a rapporté plusieurs espèces nouvelles qui ont été décrites par M. Shuttleworth.

Voyant que, par suite de mes explorations

et de celles des personnes que je viens de citer, le nombre des espèces corses qui, dans
Payraudeau, est de 356, était presque doublé
aujourd'hui, j'ai cru qu'il ne serait pas inu-
tile de publier une histoire naturelle des mollusques, etc. de la Corse, avec la description
de toutes les espèces, en figurant toutes celles qui ne l'ont pas encore été. Mais j'ai pensé
aussi qu'il fallait auparavant parcourir toutes
les côtes de l'île, que, dans mon premier
voyage, je n'avais vues qu'en courant; dans
celui-ci, je n'ai réellement étudié que la rade
d'Ajaccio, et les plages de Bonifacio et de ses
îles, de Bastia et de St-Florent. A un ouvrage
pareil, il faudrait aussi ajouter les descrip-
tions des espèces fossiles, et je n'ai parcouru
avec quelque attention que les terrains ter-
tiaires de Bonifacio, de St-Florent et de Bastia ; ceux des environs d'Aléria sont très-ri-
ches, et demandent une étude particulière et
prolongée que je me propose de faire en 1848.

Voyant donc que, pour le moment, je de-
vais ajourner ce travail, j'ai cru pourtant qu'il
serait utile de donner préalablement aux amateurs un aperçu des richesses conchyliologi-
ques de la Corse, et c'est ce que je fais aujourd'hui.

J'ai mis dans ce catalogue toutes les espèces mentionnées dans l'ouvrage de M. Payraudeau, en marquant d'un signe particulier (†) les espèces que je n'ai pas rencontrées ou vues. J'ai marqué d'un astérisque (*) les espèces dont cet auteur ne parle pas, qui ont été trouvées en Corse depuis la publication de son ouvrage, et dont beaucoup ont été décrites ou signalées par M. Philippi, dans son intéressante et utile énumération des mollusques de la Sicile, dans le catalogue des coquilles terrestres de MM. Shuttleworth et Blauner, etc.

J'ai marqué de la lettre R les espèces qu'on trouve *rarement*, et de la lettre C celles qui sont *communes*, non-seulement à Ajaccio, mais partout ailleurs sur les côtes de l'île.

J'ai cru devoir mettre une phrase caractéristique aux espèces que je crois nouvelles, pour les distinguer de leurs congénères. Certainement, quelques erreurs se seront glissées dans cet opuscule : en Corse, je n'ai pu m'assurer de l'identité de certaines espèces de M. Payraudeau, dont la collection est déposée au muséum d'histoire naturelle de Paris, et que, par conséquent, je n'ai pu consulter encore. Je n'ai ici que bien peu d'ouvrages, ce sont :

Lamarck, *Histoire des animaux sans vertèbres*, (2ᵉ édition, par Deshayes. 11 vol. in-8º.)

(XII)

Philippi *Enumeratio molluscorum Siciliæ* (2 v. in-4°.)

Payraudeau, *Catalogue des annélodes et des mollusques de la Corse* (in-8.)

Brocchi *Conchyliologia fossile subapennina.* (2 in-18 et atlas in-4°.)

Risso, *Histoire naturelle de l'Europe méridionale.* (Nice, 5 v. in-8°.)

Et quelques opuscules de M. Michaud, Pirajuo, etc.

J'ai ajouté à ce catalogue les Échinides que j'ai vues en Corse. J'aurais bien voulu aussi parler des Foraminifères dont j'ai trouvé, ainsi que M. Duminy, huit à dix espèces, mais je n'ai pu les dénommer faute de livres, et je n'ai pas reçu de réponse de M. Alcide d'Orbigny, à qui je m'étais fait un plaisir d'en adresser une partie, que peut-être il n'a pas reçue.

La presque totalité des espèces mentionnées dans ce catalogue, est déposée dans les galeries du muséum d'histoire naturelle que j'ai fondé à Avignon, et la majeure partie se voit aussi dans celui du grand séminaire d'Ajaccio. Quelques espèces rares seulement se trouvent dans des collections particulières, et j'ai eu le soin de les signaler.

E. R.

Ajaccio, 31 décembre 1847.

CATALOGUS

CONCHYLIORUM

CORSICÆ INDIGENORUM.

CONCHIFERA.

I.   **TEREDO.** *Lam.*
    *1. BRUGUIERII. *Delle Chiaje. Phil. tom.* 1. *p.* 2.
        (Ajaccio.)
    †2. NAVALIS. *L.*
        (Corse. *Payraudeau.*)

II.   **SEPTARIA.** *Lam.*
    *3. MEDITERRANEA. *Matheron.*
        Var. Major.
        Var. Minor.
        (Ajaccio.) R.

III.   **GASTROCHÆNA.** *Spengler.*
    *4. POLII. *Phil. tom.* 2. *p.* 3.
        (Port de Bonifacio, dans les pierres.)

IV.   **PHOLAS.** *L.*
    *5. DACTYLUS. *L.*
        (Étang de Diane, près d'Aléria.)
    *6. CANDIDA. *L.*
        (Étang de Diane, près d'Aléria.)

V. SOLEN. *L.*

   7. VAGINA. *L.*
     (Ajaccio.) R.

  *8. SILIQUA. *L.*
     (Ajaccio.) C.

   9. ENSIS. *L.*
    Var. Minor.
     (Ajaccio. M* *Philippe.* St. Florent.) R.

  10. LEGUMEN. *L.*
    Var. Minor.
     (St-Florent. Bastia.) R.

 *11. COARCTATUS. *L.*
     (Ajaccio) R.

VI. SOLECURTUS *de Blainville.*

  12. STRIGILATUS. *L.* (SOLEN.)
     (Ajaccio.) R.

VII. LUTRARIA. *Lam.*

 *13. ELLIPTICA. *Lam.*
     (Ajaccio. M* *Philippe.*) R.

VIII. SCROBICULARIA. *Schumacher.*

  14. COTARDI. *Payr.* (LUTRARIA.) *p.* 28. *tab.* 1. *fig.* 1-2.
     (Bonifacio.) R.

 *15. PIPERATA. *Gmel. Phil. tom.* 2. *p.* 8.
     (Ajaccio.) R.

IX. ERYCINA. *Lam.*

 *16. RENIERI. *Bronn. Phil. tom.* 1. *p.* 12. *tab.* 1. *fig.* 6.
     (Bonifacio. Ajaccio.) R.

 *17. OVATA. *Phil. tom.* 1. *p.* 13. *tab.* 1. *fig.* 13.
     (Bonifacio. Ajaccio.) R

X. MACTRA. *L.*

18. HELVACEA. *Chemnitz. Lam.*
  (Ajaccio.)

19. STULTORUM. *L.*
  Var. Grisea.
  Var. Albida, fusco et luteo concentrice picta.
  Var. Fulva minor.
  (Ajaccio, St-Florent.) C.

20. LACTEA. *Lam.*
  M. Solida. Payr. teste Deshayes, in Lam. edit. 2ª
  An varietas præcedentis?

*21. INFLATA. *Bronn? Phil. tom.* 2. *p.* 10.
  (St-Florent.)

*22. TRIANGULA. *Renieri, in Phil. tom.* 1. *p.* 11.
  (Ajaccio, St-Florent.) R.

XI. BORNIA. *Phil.*

23. GEOFFROYI. *Payr.* (ERYCINA.) *p.* 30. *tab.* 1. *fig.* 3-5.
  (Ajaccio.) C.

*24. COMPLANATA. *Phil. tom.* 1. *pag.* 14. *tab. fig.* 14.
  (Ajaccio.)

XII. PTYCHINA. *Phil.*

*25. BIPLICATA. *Phil. t.* 1. *p.* 15. *tab.* 2. *fig.* 4.
  (Ajaccio, *M. Roux.*)

XIII. SOLEMYA. *Lam.*

26. MEDITERRANEA. *Lam.*
  (Ajaccio.)

XIX. PETRICOLA. *Lam.*

37. STRIATA. *Lam.*

P. *Lithophaga. Bronn, Phil. tab.* 3. *fig.* 6.

Port de Bonifacio, dans les pierres ter-
tiaires , C.

†38. LAMELLOSA. *Lam.*

(St-Florent. *Payraudeau.*)

†39. COSTELLATA. *Lam.*

(St-Florent. *Payraudeau.*)

†40. ROCCELLARIA. *Lam.*

(Bastia. *Payraudeau.*)

XX. VENERUPIS. *Lam.*

41. IRUS. *Lam.*

Var. Oblonga.

Var. Subrotunda.

Var. Rosea minor.

(Ajaccio.) C.

*42. DECUSSATA. *Phil. tom.* 1. *p.* 24. *tab.* 3.
fig. 5.

(Ajaccio. R.)

43. LAJONKAIRII. *Payr. p.* 36. *tab.* 1. *fig.*
11-14.

(Ajaccio.) R.

XXI. PSAMMOBIA. *Lam.*

44. VESPERTINA. *L.* (SOLEN.)

Var. Cœrulescens.

Var. Rosea.

Var. Flavescens.

(Bonifacio, Ajaccio.)

*45. FEROENSIS. *L.* (TELLINA.)

(Ajaccio. *M* *Philippe.*)

*46. COSTULATA. *Turton. Phil. tom.* 2. *p.* 21.

Ps. Discors, Phil. tom. 1. p. 23. tab.
3. fig. 8.

Var. Grisea.

Var. Rubra.

Var. Radiata.

Var. Violacea. (1)

(Ajaccio.) R.

Var. Lutea. M. Duminy.

†47. FLORIDA. Lam.

(Porto-Vecchio. Payraudeau.)

†48. FRAGILIS. Lam.

(Ajaccio. Payraudeau.)

XXII. AMPHIDESMA. Lam.

†49. LACTEA. Lam.

Lucina lactea, test. Deshayes et Philippi.

(Santa Giulia. Payraudeau.)

XXIII. TELLINA. L.

50. PLANATA. L.

Var. Major.

Var. Minor.

(Bonifacio, St-Florent.) C.

*51. OVALIS. (2)

(Ajaccio.) R.

*52. FABULA. Gmel. Phil. tom. 1. p. 26. tab.
3. fig. 10.

(Ajaccio.) C.

----

(1) Sulcis posticis minoribus. An species distincta ?

(2) Testa ovata, solidula, compressa, transversim striata, opaca, albida, umbonibus carneis.

Long. 25 mill. lat. 42 mill. crass. 10 mill.

†53. T. Lantivyi. *Payr. p.* 40. *tab.* 1. *fig.* 13
-15. (3)

(Bonifacio. *Payraudeau.*)

*54. Tenuis. *Mat. et Rackett. Phil. tom.* 2.
p. 22.

(Ajaccio.) R.

*55. Hyalina. *Desh. Exp. de Morée, tab.* 18.
fig. 12-14.

(Ajaccio.) R.

56. Depressa. *Gmel. Phil. tom.* 2. *p.* 22.

(St-Florent, Ajaccio.)

*57. Elongata. (4)

(Ajaccio.) R.

58. Nitida. *Poli. Phil. tom.* 2. *p.* 22.

(St-Florent, Ajaccio.) R.

*59. Solidula. *Solenoides. Lam.*

(Ajaccio, *M. Pegulu.*) R

*60. Bicolor. (5)

Var. Carnea.

Var. Flavida.

(Ajaccio, *M. Pegulu.*) R

61. Pulchella. *Lam.*

(St-Florent, Bonifacio.)

---

(3) Eadem species ac præcedens ? sed in t. fabula, valva sinistra so-
lum est oblique striata, valvula dextra lævi, et secundum description.
T. Lantivyi Payraudeani, valvulæ duæ striatæ sunt.

(4) Testa oblonga, pellucida, fragili, carnea, albo nebulose radiata-
striata, compressa, latere antico rotundato, postico paulo breviore,
elongato, rostrato.

Long. 12. lat. 27. crass. 4.

A depressa differt forma, colore, striis, etc.

(5) Testa orbiculato-triangulari, solidula, convexiuscula, striata, postice rotundata, antice parum rostrata, umbonibus rubris, basi concentrice albida.

Long. 10. lat. 12. crass. 5.

*62. T. DISTORTA. *Poli. Phil. tom. 2. p. 21.*
(Bonifacio.) R.

63. DONACINA. *Gmel. Lam.*
Var. Radiata.
Var. Pauciradiata.
Var. Concolor.
Var. Flavida.
Var. Nitida.
(Ajaccio, St-Florent.)

†64. PUNICEA. *Lam.*
(Santa Manza. *Payraudeau.*)

65. BALAUSTINA. *L.*
Lucina Balaustina. Payr. tab. 1. *fig.* 21-22.
(Ajaccio.) C.

†66. OUDARDII. *Payr. p.* 40. *tab.* 1. *fig.* 16-18.
(Figari. *Payraudeau.*)

67. CARNARIA. *L.*
Lucina, id. Lam. Payr.
(St-Florent, Bonifacio. *M͏ͤ Philippe.*)

68. FRAGILIS. *L.*
Petricola ochroleuca. Lam. Payr. pl. 1. *fig.* 9-10.
(St-Florent, Bonifacio, Ajaccio.)

*69. COSTÆ. *Phil. tom.* 1. *p.* 27. *tab.* 3. *fig.* 11.
(Bastia.) R.

XXIV.   DIPLODONTA. *Bronn.*
*70. APICALIS. *Phil. tom.* 1. *p.* 31. *tab.* 4. *fig.* 6.
(Ajaccio.) R.

XXV.   LUCINA. *Lam.*
*71. RADULA. *Lam. Phil. tom.* 1. *p.* 31. *tab.* 3. *fig.* 17.
(Ajaccio.) R.

72. L. Pecten. *Lam. Phil. tom.* 1. *p.* 31.
       tab. 3. *fig.* 14.
         L. *Reticulata. Payr. p.* 43.
         (Ajaccio.) C.

*73. Commutata. *Phil. tom.* 1. *p.* 32. *tab.* 3.
       fig. 14.
         (Ajaccio.)

†74. Digitalis. *Lam. Phil. tom.* 1. *p.* 33.
       tab. 3. *fig.* 19.
         (Ajaccio. *Payraudeau.*)

75. Lactea. *Lam.*
         L. *Desmarestii. Payr. p.* 44. *tab.* 1.
         fig. 19-20.
         (Ajaccio.) C.

76. Fragilis. *Phil. tom.* 1. *p.* 34.
         L. *Lactea. Payr.*
         (Ajaccio.)

†77. Divaricata. *Lam.*
         An L. Commutata Phil.?
         (Figari. *Payraudeau.*)

XXVI.   SCACCHIA. *Phil.*

*78.   Ovata. *Phil. tom.* 2. *p.* 27. *tab.* 14. *fig.* 9.
         (Ajaccio , *Me Ponsard.*) R.

XXVII.   DONAX. *L.*

79.   Anatinum. *Lam.*
         D. *Trunculus. L.* teste Philippi.
         Var. Radiata.
         Var. Violacea.
         Var. Lutescens.
         (Ajaccio.) C.

*80. D. Brevis. (6)
(Ajaccio.)

†81. Trunculus. *L. Lam.*
(Ajaccio. *Payraudeau.*)

†82. Denticulata. *L.*
(Ajaccio. *Payraudeau.*)

*83. Semistriata. *Poli. Phil. tom.* i. *p.* 36.
tab. 3. *fig.* 12.
(Ajaccio.) R.

*84. Venusta. *Poli. Phil. tom.* i. *p.* 36.
(Ajaccio.) R.

85. Complanata. *Mont. Phil. tom.* i. *p.* 37.
tab. 3. *fig.* 13.
Capsa. id. Payr.
(Ajaccio.) R.

XXVIII.   MESODESMA. *Desh.*

86. Donacilla. *Lam.* (Amphidesma.)
(Ajaccio.) C.

XXIX.   CRASSINA. *Lam.*

*87. Danmoniensis. *Lam.*
(Ajaccio, Bastia.) R.

XXX.   CYCLAS. *Brug.*

*88. Calyculata. *Drap.*
(Bonifacio, Bastia.) R.

XXXI.   PISIDIUM. *Pfeiffer.*

*89. Obliquum. *Nills.* (Cyclas.) *Phil. tom.* 2.
p. 31.

---

(6) Testa ovata oblonga, lævi depressa, exilissime longitudinaliter
striata, fulva, albo radiata, latere antico recto, postico breviore rotundato acuto.
Long. 9. lat. 1½. crass. 4.

Cyclas palustris. Drap.

(Bastia.) R.

*90. P. **Australe** .Phil. tom. 2. p. 31. tab. 14.
fig. 11.*

(Ajaccio.) R.

*91. **Fontinale**. Drap. (**Cyclas**.)*

(Bonifacio, Bastia.) R.

XXXII.   **CYTHEREA**. *Lam.*

92.   **Chione**. *L.* (**Venus**.)

(Ajaccio.) C.

Var. Junior. *C. Nitidula Lam. Payraudeau.*

(Ajaccio.) R.

*93. **Rudis**. Poli. (**Venus**.) Phil. tom. 2. p. 32.
C. Venetiana. Lam.*

(Ajaccio, Bonifacio, Bastia.) R.

94.   **Exoleta**. *L.* (**Venus**.)

(Ajaccio, Bonifacio.) R.

95.   **Lincta**. *Lam.*

C. Lunaris. Lam. Payr.

Var. Alba.

Var. Albo-zonata.

(Ajaccio.)

*96.   **Dianæ**. (7)

(Étang de Diane, près d'Aléria.)

XXXIII.   **VENUS**. *L.*

97.   **Verrucosa**. *L.*

(Ajaccio, Bonifacio.) C.

---

(7) Je crois devoir placer ici une espèce fossile ou subfossile qui se
trouve dans l'étang de Diane, près d'Aléria, et que je ne crois pas décrite.

Testa ovata, trigona, crassa, inæquilatera, tumida, gibbosa, concentrice striata.

Long. 50. lat. 65. crass. 33.

Var. Junior. *V . Lemanii. Payr.p.* 53.
tab. 1. *fig.* 29-31.

(Ajaccio.) R.

98.   V. Casina. *L.*

(Ajaccio , Bonifacio , Bastia.)

Var. Junior. *V . Rusteruccii. Payr.*
p. 52. *tab.* 1. *fig.* 26-28.

(Ajaccio.) R.

Var. Grosse lamellosa.

(Ajaccio. *M° Klein.*) R.

99.   Fasciata. *Donovan. Phil. tom.* 2. *p.* 34.
V. *Brongniartii. Payr. p.* 51. *tab.* 1.
fig. 23-25.

(Ajaccio , Bonifacio.)

*100.   Duminyi. (8)

(Ajaccio , *Duminy.*) R.

*101.   Busschaerdi. (9)

(Ajaccio. *M. Busschaerd.*) R.

*102.   Philippiæ. (10)

(Ajaccio , Bastia , Bonifacio. *M° Phi-*
lippe.) R.

Var. Intus citrina.

(Ajaccio. *M° Klein.*) R.

103.   Gallina. *L.*

---

(8) Testa parva, rotundata, subtrigona, aurantiaca, æquilatera, compressa, transversim striato-lamellosa, intus aurantiaca, longitudinaliter
obsolete striata.

Long. 9. lat. 12. crass. 3.

(9) Testa parva, rotundato-ovata, rubra, ad umbones et intus valde
aurantiaca, æquilatera, compressa, transversim tenue et irregulariter
costata.

Valde similis præcedenti, sed differt.

Long. 9. lat. 11. crass. 3.

(10) Testa parva, subrotundo ovata, subæquilatera, alba, compressa,
transversim regulariter costata, costis elevatis sublamellosis.

Long. 12. lat. 15. crass. 5.

Var. Marmorata.

Var. Radiata.

(Ajaccio.) C.

*104. V. Radiata. *Brocch. Phil. tom. 2. p. 34.*

V. Pectinula. Lam.

(Ajaccio, Bonifacio.) R.

*105. Effossa. *Bivona. Phil. tom. 1. p. 43.
pl. 3. fig. 20.*

(Ajaccio. M .Garcin. Teste Duminy.) R.

*106. Picturata. (11)

(Ajaccio. M. Chapoy.) R.

107. Decussata. *L.*

(Ajaccio, Bonifacio.) C.

108. Aurea. *Mat. et Rack. Phil. t. 2. p. 35.*

(Bonifacio, Ajaccio.) C.

*109. Edulis. *Chemn. Phil. tom. 2. p. 35.*

(Bastia.)

110. Florida. *Lam.*

V. Læta. Poli. Phil. tom. 2. p. 35.

(Ajaccio) C.

111. Bicolor. *Lam.*

An varietas præcedentis?

Var. Bicolor in utraque valva.

Var. Bicolor in valva unica.

Var. Alba tota.

(Ajaccio.) R.

*112. Pallei. (12)

(Ajaccio, Bonifacio.) R.

---

(11) Testa parva subrotundo-elliptica, obliqua, inæquilatera, alba,
lineis undulatis, rufis, approximatis picta, tenuissime transversim striata,
lunula violacea.

Long. 9. lat. 10. crass. 5.

(12) Testa ovata, utrinque rotundata, tumida, inæquilatera, pallide

113. **V. Nitens.** *Scacchi. Phil. tom. 2. p. 35.*
tab. **14.** *fig.* **14.**
Var. Florida.
Var. Violacea.
(Ajaccio.) R.

114. **Geographica.** *L.*
Var. Retifera. *Lam.*
Var. Apicularis. *Phil.*
Var. Petalina. *Lam.*
(Ajaccio.) C.

115. **Beudanti.** *Payr. p.* 47. *tab.* 1. *fig.* 32.
(Ajaccio.) R.

XXXIV.   **CARDIUM.** *L.*

116. **Aculeatum.** *L.*
(Ajaccio.) C.

117. **Erinaceum.** *Brug. Lam.*
(Ajaccio.) R.

118. **Deshayesii.** *Payr. p.* 56. *tab.* 1. *fig.* 33
et 35.
(Ajaccio.) R.

119. **Ciliare.** *L.*
(Ajaccio.) C.

120. **Tuberculatum.** *L.*
(Ajaccio.) C.

121. **Sulcatum.** *Lam.*
(Ajaccio.) R.

122. **Lævigatum.** *L.*
(Ajaccio.) R.

123. **Papillosum.** *Poli. Phil. tom.* 2. *p.* 38.

---

sulfusca, albo-zonata, tenuissime et inæqualiter striata; lunula elongata.
Long. 14. lat. 20. crass. 8.

C. *Polii Payr. p* 57. R.

(Ajaccio . Bonifacio) R

*124. C. **Rusticum**. *Chemn. Phil. tom* 1 p. 32.
tab 4. *fig*. 11.

Bastia , Bonifacio) C.

†125. **Edule**. *L*.

(Bastia. *Payraudeau.*)

*126. **Exiguum**. *Gmel. Phil. tom.* 2. *p.* 38.

(Ajaccio.) C.

*127. **Parvum**. *Phil. tom.* 2. *p*. 39. *tab* 11
fig. 17.

(Ajaccio.) R

XXXV.   **CARDITA**. *Brug.*

128. **Sulcata**. *Brug. Lam.*

C. *Venericardia id. Payr.*

(Ajaccio.) C.

*129. **Aculeata**. *Poli. Phil. tom.* 1 *p*. 54.
tab. 4. *fig*. 18.

(Bastia.) R.

130. **Trapezia**. *Brug. Phil. tom.* 2. *p*. 41.

C. *Squammosa. Lam. Payr.*

(Ile de Cavallo.) C. (Ajaccio.) R.

131. **Calyculata**. *Brug. Phil. tom.* 2. *p.* 41

C. *Sinuata. Lam. Payr.*

Var. Oblonga.

Var. Obtusata.

(Ajaccio.) C.

*132. **Elegans**. (13)

(Ajaccio.) R.

---

(13) Testa subcordata, alba, inæquilatera, costis circa 18 eleganter muricatis.

Long. 7. lat. 7. crass, 5.

XXXVI.   ISOCARDIA. *Lam.*

   133.   Cor. *L.* (Chama.)
       (Bastia.) R.

XXXVII.   ARCA. *L.*

   134.   Noe. *L.*
       (Ajaccio.) C.
   135.   Navicularis. *Brug. Phil. tom.* 2. *p.* 42.
       A. Tetragona. Poli. Lam. Payr.
       (Ajaccio.) R.
   136.   Barbata. *L.*
       (Ajaccio.) C.
 †137.   Diluvii. *Lam.*
       A. Antiquata. Payr. non Lam.
       (Favona. *Payraudeau.*)
   138.   A. Lactea. *L.*
       Var. Subrotunda. *A. Gaymardi. Payr.*
       p. 61. *tab.* 1. *fig.* 36-39.
       Var. Oblonga. *A. Quoyi. Payr. p.* 62.
       tab. 1. *fig.* 40-43.
       (Ajaccio.) C.
 *139.   Scabra. *Poli. Phil. tom.* 2. *p.* 42.
       (Bonifacio, in madreporis.) R.
 *140.   Imbricata. *Poli. Phil. tom.* 2. *p.* 42.
       (Bonifacio, in madreporis.) R.

XXXVIII.   PECTUNCULUS. *Lam.*

   141.   Glycimeris. *Lam.*
       (Ajaccio.) R.
   142.   Pilosus. *Lam.*
       (Ajaccio.) C.
       Var. Stellata. *Lam.*
       (Ajaccio.) R.
   143.   Violacescens. *Lam. Payr. tab.* 2. *fig.* 1.
       Var. Violacea.
       (Ajaccio.) C.

Var. Brunnea. An species distincta ?
(Ajaccio.) R.

*144. P. Lineatus. *Phil. tom. i. p. 62. tab. 5. fig. 4.*
Bonifacio.) R.

XXXIX.   NUCULA. *Lam.*

145. Margaritacea. *Lam.*
(Ajaccio.) C.

146. Interrupta. *Poli.*
N. Emarginata. Lam. Payr.
(Ajaccio.) C.

†147. Pella. *L.* (Arca.)
(Ajaccio. *Payraudeau.*)

XL.   UNIO. *Retz.*

148. Turtonii. *Payr. p. 65. t. 2. fig. 2-3.*
(Porto-Vecchio , Ajaccio.) R.

149. Capigliolo. *Payr. p. 66. tab. 2. fig. 4.*
(Ajaccio.) C.

XLI.   CHAMA. *L.*

150. Gryphoides. *L.*
(Ajaccio.) C.
Var. Unicornis. *Lam.*
(Ajaccio.) R.

151. Gryphina. *Lam.*
(Ajaccio.) C.

XLII.   MODIOLA. *Lam.*

152. Barbata. *L.* (Mytilus.)
Var. Brunnea.
Var. Rubra.
(Ajaccio.) C.

†153. Albicosta. *Lam.*
(Ajaccio. *Payraudeau.*)

†154. M. Discrepans. *Lam.*

(Ajaccio. *Payraudeau.*)

*155. Costulata. *Risso. Phil. tom. 2. p. 30.*

tab. 15. *fig.* 10.

(Ajaccio.) R.

XLIII.   LITHODOMUS. *Cuv.*

156. Lithophagus. *L.* (Mytilus.)

(Bonifacio, Cap-Corse.) R

*157 Inflatus. (14)

XLIV   MYTILUS. *L.*

158. Galloprovincialis. *Lam.*

(Ile-Rousse, Ajaccio.)

Var. Parva.

(Ajaccio.)

†159. Hesperianus. *Lam. Payr. tab. 2. fig. 5.*

(Ajaccio. *Payraudeau.*)

160. Minimus. *Poli. Phil. tom. 2. p. 53.*

(Ajaccio, Bonifacio.) C.

*161. Cylindraceus. (15)

(Bonifacio.)

XLV.   PINNA. *L.*

†162. Pectinata. *L.*

P. Rudis. Lam. Payr.

(Bonifacio. *Payraudeau.*)

163. Squammosa. *L.*

P. Nobilis. Payr.

(Porto-Vecchio.) C.

---

(14) Testa oblonga, inflata, gibbosa, ad basim latiore. Differt forma, magnitudine, etc. a. L. lithophago.
Long. 90. lat. 28. crass. 20.
(15) Testa minuta, oblonga, cylindracea, recta.
Long. 15. lat. 6. crass. 6.

164.   P. Muricata. *Poli. Phil. tom. 2. p. 54.*
non *Lam.*
(Ajaccio.)

XLVI.   AVICULA. *Lam.*

*165.   Tarentina. *Lam.*
(Bonifacio , Ajaccio.) R

XLVII.   LIMA. *Brug.*

166.   Inflata. *Lam.*
(Ajaccio.) C.

167.   Squammosa. *Lam.*
(Ajaccio.) C.

168.   L. Tenera. *Turton. Phil. tom. 2. p. 56.
tab. 16. fig. 3.*
L. Bullata. Payr.
(Ajaccio.) C.

XLVIII.   PECTEN. *Lam.*

169.   Jacobæus. *L.* (Ostrea.)
(Ajaccio.) C.

*170.   Medius. *Lam.*
(Bonifacio.) R.

171.   Maximus. *L.* (Ostrea.)
(Bonifacio. *M. Philippe.*)

172.   Pes felis. *L.*
(Ajaccio.) R.

†173.   Bornii. *Payr. p. 76.*
P. Pes felis, teste Philippi.
(Ajaccio. *Payraudeau.*)

174.   Glaber. *Chemn. Lam.*
(Bonifacio.) R.

175.   Opercularis. *Lam.*
(Bonifacio.)
Var. Minima ; an species distincta ?
(Santa Giulia.)

176.   P. Audouini. *Payr. p.*149. *tab.* 2. *fig.*8-9.
Varietas præcedentis, teste Philippi.
(Bonifacio.) R.

177.   Sulcatus. *Lam.*
Var. Striis æqualibus.
Var. Striis inæqualibus, irregularibus.
(Ajaccio, Bonifacio.)

†178.   Unicolor. *Lam.*
P. Sulcati varietas, secundum Philippi.
(Favona. *Payraudeau.*)

†179.   Griseus. *Lam.*
P. Sulcati varietas, teste Philippi.
(Ile-Rousse. *Payraudeau.*)

180.   Inflexus. *Lam.*
P. Dumasii. *Payr. p.* 75. *tab.* 2. *fig.* 6-7.
(Ajaccio.) R.

181.   Flexuosus. *Lam.*
(Bonifacio.) R.

†182.   Virgo. *Lam.*
(Ajaccio. *Payraudeau.*)

†183.   Distans. *Lam.*
(Figari. *Payraudeau.*)

*184.   Hyalinus. *Poli. Phil. tom.* 2. *p.* 57.
(Ajaccio.)

*185.   Succineus. *Risso. Nic. fig.* 153.
Varietas præcedentis, secundum Philippi.
(Santa-Manza. *Payraudeau.*)

†186.   Pellucidus. *Lam.*
(Santa-Manza. *Payraudeau.*)

187.   Bruei. *Payr. pag.* 78. *tab.* 2. *fig.* 10-14.
(Bonifacio, Ajaccio, in madreporis. R.)

188.   Varius. *Lam.*
(Ajaccio.) C.

189. P. Pusio. *Lam.*
    (Ajaccio.) C.

XLIX.   SPONDYLUS. *L.*

190.   Gæderopus. *L.*
    (Ajaccio.) C.

*191.   Aculeatus. *Chemn. Phil. tom.* 2. *p.* 62.
    (Ajaccio.) R.

*192.   Gussoni. *Costa. Phil. tom.* 1. *p.* 87.
    tab. 5. *fig.* 16.
    (Ajaccio.) R.

L.   OSTREA. *L.*

193.   Lamellosa. *Brocchi. Phil. tom.* 2. *p.* 63.
    Var. Rostrata.
    O. Cyrnusii. Payr. p. 79. *tab.* 3. *fig.* 2.
    Var. Obtusa. *Payr. tab.* 3. *fig.* 1.
    (Étang de Diane, près d'Aléria.) C.

*194.   Cristata. *Born. Phil. tom.* 2. *p.* 63.
    (Bonifacio, Ajaccio.) C.

†195.   Cochlear. *Poli. Phil. tom.* 2. *p.* 63.
    (Bonifacio *Payraudeau.*)

*196.   Depressa. *Phil. tom.* 1. *p.* 89. *tab.* 6.
    fig. 3.
    (Bonifacio.) R.

*197.   Cornucopiæ. *L.*
    (Ajaccio, St-Florent.) R.

198.   Plicatula. *Gmel. Phil. tom.* 2. *p.* 63.
    O. Stentina. Payr. p. 81. *tab.* 3. *fig.* 3.
    (Étang de Stentino, près de Bonifacio.)

LI.   ANOMIA. *L.*

199.   Ephippium. *L.*
    (Ajaccio.) C.

†200.   A. Electrica. *L.*

 (Ajaccio. *Payraudeau.*)

†201.   Cepa. *L.*

 (Ajaccio. *Payraudeau.*)

*202.   Aspera. *Phil. tom.* 2. *p.* 65. *tab.* 18. *fig.* 4.

 (Bonifacio.) R.

*203.   Scabrella. *Phil. tom.* 2. *p.* 65. *tab.* 18. *fig.* 1.

 (Bonifacio.) R.

*204.   Polymorpha. *Phil. tom.* 1. *p.* 92.

 (Ajaccio, etc.)

*205.   Pectiniformis. *Phil. tom.* 2. *pag.* 65. *tab.* 18. *fig.* 3.

 (Bonifacio.) R.

*206.   Elegans. *Phil. tom.* 2. *p.* 65. *tab.* 18. *fig.* 2.

 (Ajaccio.) R.

*207.   Margaritacea. *Poli. Phil. tom.* 2. *p.* 65.

 (Ajaccio.) R.

*208.   Squamula. *Lam.* (16)

 (Ajaccio, in conchyliis.) R.

LII.   TEREBRATULA. *L.*

209.   Vitrea. *L. Phil. tom.* 1. *pl.* 6. *fig.* 6.

 Var. Major.

 Var. Minima.

 (Bonifacio, in coralliis.) R.

210.   Caput Serpentis. *L. Phil. tom.* 1. *tab.* 6. *fig.* 5.

 Var. Major.

---

(16) Secundum Philippi, omnes anomiæ supra enumeratæ species distinctæ sunt, sed caracteres validi carent, et credo potius eas esse tantummodo varietates uniusdem speciei.

Var. Minor.

(Bonifacio, in madreporis.)

LIII.   ORTHIS. *De Buch.*

211.   Truncata. *L.* (Terebratula.) *Phil. tab.* 6. *fig.* 12.

(Bonifacio, in madreporis.) C.

*212.   Detruncata. *Chemn.* (Terebratula.) *Phil. tab.* 6. *fig.* 14.

(Bonifacio, in coralliis.) R.

LIV.   CRANIA. *Retzius.*

*213.   Ringens. *Hæninghaus.*

(Bonifacio, in coralliis.) C.

MOLLUSCA PTEROPODA.

LV.   **HYALÆA.** *Lam.*
214. Tridentata. *Lam.*
    (Ajaccio.) R.

LVI.   **CLEODORA.** *Lam.*
*215. Cuspidata. *Quoy et Gaymard. Phil.*
  tom. 2. p. 71.
    (Ajaccio, *Duminy.*) R.
*216. Lanceoluta. *Peron et Lesueur. Phil.*
  tom. 2. p. 71.
    (Ajaccio, *Duminy.*) R.

LVII.   **CRESEIS.** *Rang.*
*217. Acicula. *Rang. Phil. tom. 2. p. 72.*
  Rang. Man. pl. 2. fig. 1.
    (Ajaccio, *Duminy.*) R.

LVIII.   **CYMBULIA.** *Peron et Lesueur.*
*218. Peronii. *Lam. Rang., manuel. pl. 2.*
  fig. 1.
    (Ajaccio.) C.

MOLLUSCA GASTEROPODA.

LIX.   EOLIS. *Cuvier.*
†219.   FASCICULATA. *Gmel.* (DORIS.) *Lam.*
             (Ajaccio. *Payraudeau.*)
†220.   MINIMA. *Lam.*
             (Porto-Vecchio. *Payraudeau.*)
†221.   E. PEREGRINA. *Lam.*
             (Santa Manza. *Payraudeau.*)

LX.   TETHYS. *L.*
†222.   LEPORINA. *Gmel. Lam.*
             (Porto-Vecchio. *Payraudeau.*)

LXI.   DORIS. *L.*
223.   ARGUS. *L.*
             (Ajaccio.) R.
†224.   LIMBATA. *Cuvier.*
             (Ajaccio. *Payraudeau.*)

LXII.   CHITON. *L.*
225.   SICULUS. *Gray. Phil. tom.* 2. *p.* 82.
             Ch. Squammosus. Payr.
             (Ajaccio.)
*226.   POLII. *Phil. tom.* 1. *p.* 106.
             (Ajaccio) R.
227.   RISSOI. *Payr. p.* 87. *tab.* 3. *fig.* 4-5.
             (Bonifacio.) R.
*228.   LEVIS. *Pennant. Phil. tom.* 1. *p.* 107.
             tab. 7. *fig.* 4.
             (Ajaccio.) R.
*229.   VARIEGATUS. *Phil. tom.* 1. *p.* 107. *tab.* 19.
             fig. 13.
             (Ajaccio. *M. Busschaert.*) R.

*230.   C. Cajetanus. *Poli. Phil. tom.* 2. *p.* 83.
(Bonifacio.) R.

231.   Fascicularis. *L. Phil. tab.* 7. *fig.* 2.
(Ajaccio.) R.

LXIII.   PATELLA. *L.*

232.   Ferruginea. *Gmel. Phil.* 2. *p.* 83.
P. *Lamarckii. Payr. p.* 90. *tab.* 4.
fig. 3-4.
(Lavesi, Ajaccio.) C.

233.   Rouxii. *Payr. p.* 90. *pl.* 4. *fig.* 1-2.
An varietas præcedentis?
(Bonifacio.) R.

*234.   Scutellaris. *Blainv.*
(Ajaccio.) C.

235.   Cærulea. *L. Phil. tom.* 1. *pl.* 7. *fig.* 5.
(Ajaccio.) C.

236.   Tarentina. *Lam.*
P. *Bonardii. Payr. p.* 89. *tab.* 3. *fig.*
9-10.
(Ajaccio.) C.

*237.   Fragilis. *Phil. tom.* 1. *p.* 110. *tab.* 7.
fig. 6.
(Bonifacio.) R.

238.   Lusitanica. *Gmel. Phil. tom.* 2. *p.* 84.
P. *Punctata. Lam. Payr. tab.* 3. *fig.* 6-8.
(Bonifacio, dans les grottes marines.) C.

†239.   Mammillaris. *L.*
(Figari. *Payraudeau.*)

†240.   Pectinata. *L.*
(Valinco. *Payraudeau.*)

*241.   Gussoni. *Costa.* (Ancylus.) *Phil. tom.* 1.
p. 255. *tab.* 7. *fig.* 7.
(Ajaccio.) R.

LXIV.   GADINIA. *Gray*.

242.   GARNOTI. *Payr*. PILEOPSIS. *p.* 94. *tab.* 5. *fig*. 3-4.

(Ajaccio.) R.

*243.   DEPRESSA. (17)

(Lavesi.) R.

*244.   LATERALIS. (18)

(Lavesi.) R.

LXV.   UMBRELLA. *Lam*.

245.   MEDITERRANEA. *Lam. Payr. tab.* 4. *fig*. 5 et 6.

(Ajaccio. *M. Philippe, Duminy*.) R.

LXVI.   TYLODINA. *Rafinesque-Schmaltz*.

246.   RAFINESQUII. *Phil. tom.* 1. *p.* 114. *tab.* 7. *fig*. 8. (19)

LXVII.   EMARGINULA. *Lam*.

247.   CANCELLATA. *Phil. tom.* 1. *p.* 114. *tab.* 7. *fig*. 15.

E. Fissura. Payr.

E. Curvirostris. Desh. in Lam. edit. 2ᵉ

(Ajaccio.)

*248.   ELONGATA *Costa. Phil. tom.* 1. *p.* 115. *tab.* 7. *fig*. 13.

(Ajaccio. C.)

---

(17) **Testa** ovata, depressa, alba, pellucida, striis longitudinalibus transversisque cancellata, vertice centrali. impressione musculari continua.

Long. 11. lat. 9. altit. 2.

(18) **Testa** alba, pellucida, valde elevata, oblique conica, striis longitudinalibus transversisque decussata, vertice sublaterali, prope marginem inclinato, impressione musculari continua.

Long. 7. lat. 5. alt. 4.

(19) **Testa** brunnea, vertice luteo, an tylod. citrina *de Joannis* ?

249.   F. Huzardii. *Payr. p. 92. tab. 5. fig. 1-2.*

(Ajaccio. Bonifacio.) R.

Var. Intermedia. (20)

(Bonifacio.) R.

LXVIII.   FISSURELLA. *Brug.*

250.   Græca. *Lam.*

(Ajaccio.) C.

Var. Conica.

(Ajaccio.) R.

*251.   Neglecta. *Desh.*

F. *Costaria. Phil. tom. 2. p. 90.*

(Ajaccio.) C.

*252.   Gibba. *Phil. tom. 1. p. 117. pl. 7. fig. 16.*

(Ajaccio.) C.

253.   Philippii. (21)

(Ajaccio.) R.

LXIX.   PILEOPSIS. *Lam.*

254.   Ungarica. *L.* (Patella.)

(Ajaccio , Bastia.) R.

LXX.   CALYPTRÆA. *Lam.*

255.   Lævigata. *Lam.*

C. *Vulgaris. Phil. tom. 2. p. 93.*

(Ajaccio. R.)

---

(20) Testa ovata subdepressa , non valde depressa.
An distincta species ?
(21) Testa ovato-oblonga , depresso-conica , lucida , rubra , albo-ra-
diata , striis longitudinalibus , transversisque raris decussata , foramine
oblongo-ovato.
Long. 9. lat. 5. alt. 2.
Celeberr. auctori enumerationis Molluscorum Siciliæ dicata.
An pat. rosea ? ejusdem , non Lam.

LXXI.   CREPIDULA. *Lam.*
256.   Unguiformis. *Lam.*
(Ajaccio.)
*257.   Moulinsii. *Mich.*
C. Gibbosa. Phil. tom. 2. p 93.
(Ajaccio.) R.

LXXII.   ANCYLUS. *Geoff.*
*258.   Fluviatilis. *Drap.*
(Bastia.)
*259.   Costatus. *Villa.*
An varietas præcedentis ?
(Corte, Bonifacio, Ajaccio, Vico.) C.
*260.   Lacustris. *Drap.*
(St-Florent, *Blauner.*)

LXXIII.   ACERA. *Cuvier.*
†261.   Carnosa. *Cuv.*
(Valinco. *Payraudeau.*)

LXXIV.   BULLÆA. *Lam.*
*262.   Aperta. *Lam.*
B. Planciana. Phil. tab. 20. fig. 3.
(Ajaccio. R.)
*263.   Punctata. *Adams.* Phil. tom. 2. p. 93.
tab. 7. fig. 17.
B. Catena. Montagu.
(Ajaccio. R.)

LXXV.   BULLA. *Lam.*
264.   Lignaria. *L.*
(Ajaccio, Bastia.) R.
265.   Striata. *Brug.*
(Bonifacio.) R.

6

266. B. Hydatis. *L.*
  (Ajaccio.) C.

†267. Cornea. *Lam.*
  (Ajaccio. *Payraudeau.*)

*268. Ovulata. *Brocchi. Phil. tom. 2. p. 96.*
  (Ajaccio, *Duminy.*) R.

*269. Truncatula. *Brug. Phil. tab. 7. fig. 21.*
  (Ajaccio.) C.

*270. Acuminata. *Brug. Phil. tab. 7. fig. 18.*
  (Ajaccio, *Duminy.*) R.

*271. Mammillata. *Phil. tom. 1. pag. 122. tab. 7. fig. 20.*
  (Ajaccio, *Duminy.*) R.

*272. Truncata. *Adams. Phil. 1. p. 123. tab. 7. fig. 19.*
  (Ajaccio.) R.

*273. Semi-striata. (22)
  (Ajaccio.) R.

LXXVI.   APLYSIA. *L.*

274. Depilans. *L.*
  (Ajaccio.) C.

275. Punctata. *Cuv.*
  (Ajaccio.) R.

*276. Virescens. *Risso. pl. 1. fig. 10. Phil. tom. 2. p. 98.*
  (Ajaccio.) R.

†277. Fasciata. *Lam.*
  (Ajaccio. *Payraudeau.*)

---

(22) Testa minuta, ovata, ventricosa, nitida, lactea, hyalina, utrinque attenuata, superne inferneque striata in medio lævis.
Long. 5. lat. 2 1/2.

LXXVII.   LIMAX. *L.*
*278.   GAGATES. *Drap.*
(Bastia.)
*279.   CINEREUS. *Mull.*
(Bastia.)
*280.   AGRESTIS. *L.*
(Bastia.)

LXXVIII.   ARION. *Ferussac.*
*281.   RUFUS. *L.* (LIMAX.)
(Bastia.)

LXXIX.   TESTACELLA. *Drap.*
*282.   HALIOTIDEA. *Drap.*
(Bastia , *Blauner.*)

LXXX.   SUCCINEA. *Drap.*
*283.   CORSICA. *Shuttleworth.*
(Bastia , Ajaccio.)

LXXXI.   HELIX. *L.*
284.   ASPERSA. *Mull.*
Var. Communis.
Var. Quinque fasciata.
(Ajaccio , Corte , Bastia , Bonifacio.) C.
Var. Virescens concolor.
(Bastia.)
285.   VERMICULATA. *L.*
(Ajaccio , Bastia , Corte.) C.
Var. Subfasciata.
(Bonifacio.)
*286.   LACTEA. *Mull.*
(St-Florent. *M. Pegula.*)
†287.   MELANOSTOMA. *Drap.*
(Bonifacio. *Payraudeau.*)

288. H. APERTA. *Born.*
    H. *Naticoides. Drap. Payr.*
    Var. Viridis.
    Var. Brunnea.
    (Ajaccio, Bastia, Bonifacio.) C.

289. TRISTIS. *Pfeiffer.*
    H. *Ceratina. Shuttleworth. pag.* 16.
    (Ajaccio, in sabulosis gravonæ.)

†290. POUZOLZII. *Payr. p.* 102.
    (Monte Cagno. *Payraudeau.*)

291. RASPAILLII. *Payr. p.* 102. *tab.* 5. *fig.* 7-8.
    (Corte, Olmeta, Bastia, etc.)

292. ALGIRA. *L.*
    (Bonifacio, St-Florent.) R.

†293. PLANOSPIRA. *Lam.*
    (Bonifacio. *Payraudeau.*)

†294. NEMORALIS. *Mall. Drap.*
    (Bonifacio. *Payraudeau.*)

†295. CANDIDISSIMA. *Drap.*
    (Bonifacio. *Payraudeau.*)

†296. SPLENDIDA. *Drap.*
    (Bonifacio. *Payraudeau.*)

297. SERPENTINA. *Fer.*
    (Bonifacio, Bastia, St-Florent.) C.
    Var. Fasciata.
    (Bastia.)
    Var. Globosa.
    (Bonifacio.)
    Var. Minor.
    (Bastia.)

298. PISANA. *Mull.*
    H. Rhodostoma. *Drap.*
    Var. Globosa.
    Var. Depressa.
    (Bastia, Ajaccio, Bonifacio.) C.

299. H. Cespitum. *Drap.*
(Corte, Bonifacio, Bastia ,

300. Ericetorum. *Mull. Drap.*
(Bastia.) R.

*301. H. Neglecta. *Drap.*
(Bastia , *Blauner.*)

302. Variabilis. *Drap.*
Var. Major.
Var. Minor.
Var. Depressa.
(Bastia , St-Florent , Bonifacio , C.

303. Striata. R. *Drap.*
(Bastia , St-Florent.) C

304. Maritima. *Drap.*
(Bonifacio , Bastia.) R.

305. Pyramidata. *Drap.*
(Bastia , Bonifacio) R.

306. Carthusiana. *Drap. non Mull.*
(Bastia , Bonifacio.) R.

*307. Carthusianella. *Drap.*
(Bastia , Corte , Bonifacio.) R.

*308. Corsica. *Shuttleworth.*
(Aléria , *Blauner.*) R.

*309. Blauneri. *Shuttlew. p.* 13.
(Bastia, Corte , Ajaccio.) R.
Var. Convexiuscula.
(Bastia , Corte . Ajaccio.) R.

310. Cellaria. *Mull.*
H. *Nitida. Drap.*
(Bastia. R.)

*311. Nitens. *L. Mich. tab.* 15. *fig.* 3.
(Ajaccio , Bastia.) R.

†312. Nitida. *Mull.*
(Bonifacio *Payraudeau.*)

*313.	H. Pelluscens. *Shuttlew.*
		(Biguglia, près Bastia. *Blauner.*)
*314.	Obscurata. *Porro.*
		(St-Florent. *Blauner.*)
*315.	Hyalina. *Fer.*
		(Bastia. *Blauner.*)
†316.	Cornea. *Drap.*
		(Bonifacio. *Payraudeau.*)
317.	Conspurcata. *Drap.*
		(Bastia, Bonifacio, Ajaccio.) C.
	Var. Minor.
		(Ajaccio.)
*318.	Apicina. *Lam.*
		(Bastia, Bonifacio.) R.
*319.	Rotundata. *Mull.*
		(Bastia, Ajaccio.) R.
*320.	Lenticula. *Fer.*
		(Bonifacio.) R.
*321.	Aculeata. *Drap.*
		(Corse. *Blauner.*)
322.	Pulchella.
		(St-Florent. *Payraudeau, Blauner.*)
323.	Cinctella. *Drap.*
		(Bastia.) R.
324.	H. Conoidea. *Drap.*
	Var. Alba.
	Var. Maculata.
	Var. Fasciata.
		(St-Florent.) R.
325.	Conica. *Drap.*
		(St-Florent, Bonifacio.) R.
326	Elegans. *Drap*
	Carocolla id. *Lam.*
	Var. Alba

Var. Fasciata.
(St-Florent.) C.
Var. Depressa. An species distincta.
(Aléria.) R.

LXXXII.   BULIMUS. *Drap.*
   327.   DECOLLATUS. *Gmel.* (HELIX.)
      (Bonifacio, Bastia.) R.
   328.   ACUTUS. *Drap.*
      Var. Alba.
      Var. Grisea.
      Var. Fasciata.
      (Bonifacio, St-Florent.)
   329.   VENTRICOSUS. *Drap.*
      Var. Alba.
      Var. Brunnea.
      Var. Fasciata.
      (Bastia, Aléria, Bonifacio.) C.

LXXXIII.   ACHATINA. *Lam.*
   *330.   FOLLICULUS. *Lam.*
      (Ajaccio.) C.
   *331.   LUBRICA. *Mull.* (HELIX.)
      (Bastia.) R.
   *332.   HOHENWARTI. *Rossm.*
      (Bastia. R.)
   *333.   ACICULA. *Mull.* (BUCCINUM.)
      (Bonifacio.) R.

LXXXIV.   PUPA. *Drap.*
   *334.   CINEREA. *Drap.*
      (Bastia, St-Florent, Cap-Corse, Boni-
      facio.) C.
      Var. Pachygaster.
      (St-Florent, Corte.)

*335.   P. Seductilis. *Jan.*
        (Corse. *Blauner.*)
336.   Quadridens. *Drap.*
        (Bonifacio, Corte.) R
        Var. Elongata.
        (Bonifacio.) R.
*337.   Umbilicata. *Drap.*
        (Bastia, Bonifacio.) R.
*338.   Muscorum. *L.*
            P. *Marginata. Drap.*
        (Bastia.) R.
*339.   H. Minutissima. *Hartm. Desh. in Lam.*
        edit. 2ª
            P. *Muscorum. Drap.*
        (Bastia.) R.

LXXXV.   VERTIGO. *Fer.*
*340.   Pygmæa. *Drap.* (Pupa.)
        (Bastia.) R.

LXXXVI.   CLAUSILIA. *Drap.*
*341.   Kusteri. *Rossm.*
            Cl. *Adjaciensis. Suttlew.*
        (Ajaccio.)
*342.   Meissneriana. *Shuttlew.*
        (Fiumorbo. *Blauner.*)
†343.   Plicatula. *Drap.*
        (St-Florent. *Payraudeau.*)
*344.   Solida. *Drap.*
            Cl. *Heterostropha. Risso. tom.* 4. *p.* 87.
        (Aléria.) R.
*345.   Papillaris. *Drap.*
        (Bastia, St-Florent, Bonifacio.) C.
346.   Rugosa. *Drap.*
        (Cap-Corse.)

LXXXVII.   BALEA. *Gray.*

    *347.   PERVERSA. *L.* TURBO.
        Pupa fragilis. Drap.
        (Bastia.) R.

LXXXVIII.   AURICULA. *Lam.*

    348.   FIRMINII. *Payr. p.* 105. *tab.* 5. *fig.* 9-10
        (Bonifacio, in Ulva lactuca.) R.
    349.   MYOSOTIS. *Drap.*
        (St-Florent, Bonifacio) R.
        Var. Major, Castanea. *Payraudeau.*
        Shuttlew. p. 18.
        (Bonifacio.) R.
    *350.   BIVONÆ. *Phil. tom.* 2. *p.* 118.
        An præcedens junior ?
        (Ajaccio.) R.

LXXXIX.   CARYCHIUM. *Fer.*

    *351.   MINIMUM. *Mull.*
        (Bastia.) R

XC.   CYCLOSTOMA. *Drap.*

    352.   ELEGANS. *Mull.* (NERITA.)
        (Bonifacio, Bastia, St-Florent, Ajaccio.)C
    *353.   SULCATUM. *Drap.*
        Var. Concolor.
        Var. Fasciata.
        (Iles du détroit de Bonifacio.)
    *354.   OBSCURUM. *Drap.*
        (St-Florent. *M. de Jancigny.*) R.

XCI.   PLANORBIS. *Mull.*

    *355.   CORNEUS. *L.* (HELIX)
        (St-Florent)

'356. P. CARINATUS. *Mull.*

(Bonifacio, Bastia.) C.

'357. COMPLANATUS. *L.*

Pl. Marginatus. Drap.

(Bastia.)

358. ACRONICUS. *Fer.*

Pl. Spirorbis. Drap. Payr.

(Ajaccio, St-Florent.) C.

'359. MOQUINI. (23)

(Bastia.) R.

XCII. **PHYSA.** *Drap.*

'360. CONTORTA. *Mich.*

(Bastia.)

'361. FONTINALIS. *Drap.*

(Corse. *Blauner.*)

'362. ACUTA. *Drap.*

(Corse. *Blauner.*)

XCIII. **LYMNÆUS.** *Drap.*

363. PALUSTRIS. *Mull.* (BUCCINUM.)

(Bonifacio, Ajaccio.) C.

Var. Elongata.

(Étang de Biguglia.)

'364. OVATUS. *Drap.*

(Bastia.)

365. PEREGER. *Drap.*

(Ajaccio, Corte, Bastia, St-Florent.) C.

'366. MINUTUS. *Drap.*

(Bastia.) R.

---

(23) Testa planulata, centro-excavata, subtus profunde umbilicata, tenuis, pellucida, nitida, glabra, anfractibus ternis rotundatis. Affinis hispido, sed toto cœlo differt.

Diam. 3, alt. 1.

XCIV.   VALVATA. *Drap.*

* 367.   PLANORBIS. *Drap.*
          (Corse. *Blauner.*)

XCV.   PALUDINA. *Lam.*

* 368.   TENTACULATA. *L.* (HELIX.)
          Cyclostoma impurum. Drap.
          (Bastia.) C.

* 369.   IDRIA. *Fer.*
          (St-Florent, Bastia, Bonifacio.)

* 370.   ANATINA. *Drap.* (CYCLOSTOMA.)
          (Bastia.) R.

* 371.   ABBREVIATA. *Mich.*
          (Bastia. *M. Romagnoli.*)

* 372.   ACUTA. *Drap.* (CYCLOSTOMA.)
          Var. Conoidea.
          Var. Elongata.
          (Bastia, Ajaccio.)

* 373.   ADJACIENSIS. (24)
          (Ajaccio, marina in conferva lino.) C.

* 374.   MINUTA. (25)
          (Ajaccio, in conferva lino.)

* 375.   SPIRATA. (26)
          (Ajaccio, marina. *Duminy.*)

---

(24) Testa ovato-oblonga, turriculata, pellucida, anfractibus 4-5 convexis, suturis profundis, vertice obtusiusculo, apertura rotunda, peristomate continuo.
Long. 2. lat. 1.

(25) Testa ovata, subpellucida. anfractibus 3, ultimo inflato, apertura ovata, peristomate subcontinuo.
Long. 1. 1/2 lat. 1.

(26) Testa minutissima, oblonga, anfractibus rotundatis. sutura profunda separatis, apertura 1/3 longitudinis, labro dilatato.
Long. 1. lat. 1/2.

XCVI   RISSOA. *Freminville.*

376.   Costata. *Desm. tab.* 1. *fig.* 1
     Var. Alba.
     Var. Lineata.
     Var. Interrupta fasciata.
     Var Vitrea.
     Var. Elongata.
     Var Brevis.
     Var. Minor. An species distincta?
     (Ajaccio.) C.

377.   Elata. *Phil. tom.* 2. *p.* 124. *tab* 23
     fig. 3.
     (Ajaccio) R

378.   Oblonga. *Desm. Tab.* 1. *fig.* 3
     (Ajaccio.) R.

379.   Ventricosa. *Desm. Tab.* 1. *fig.* 2.
     Var. Alba.
     Var. Rufa.
     Var. Lævis.
     Var Labro simplici.
     Var. Elongata
     Var. Brevis.
     Var. Minor.
     Var. Opaca. An species distincta?
     (Ajaccio.) C.

*380.   Similis. *Scacchi? Phil. tom* 2. *p.* 124.
     tab. 23. *fig.* 5.
     (Ajaccio.) R.

*381.   Scabriuscula. (27)
     (Ajaccio) R.

---

(27) Testa oblonga, acuta, alba, pellucida anfractibus convexiusculis
eleganter cingulatis, cingulis interioribus ultimi anfractus simplicibus
superioribus granulato muricatis, labro simplici
Long. ...

*382. R. MELANOSTOMA. [28]
 (Ajaccio.) R.

*383. VIOLACEA. *Desm. tab. 1. fig. 7.*
 Var. Major.
 Var. Minor.
 (Bonifacio, Ajaccio.) R.

*384. EXIGUA. *Mich. n° 13. tab. 29-30. Phil.*
 tab. 10. fig. 10.
 (Ajaccio.)

385. AURISCALPIUM. *L.* (TURBO.)
 R. Acuta. Desm. tab. 1. fig. 4.
 Var. Costata.
 Var. Lævis.
 Var. Vitrea.
 Var. Major, scalaris.
 (Ajaccio, Bonifacio, C

*386. FRAGILIS? *Mich. n° 6. fig. 9-10.*
 (Ajaccio.) R.

*387. MONODONTA. *Bivona. Phil. tab. 10. fig. 9.*
 (Ajaccio.) R.

388. CIMEX. *Brocchi. tab. 6. fig. 3. Phil.*
 tom. 2. p. 125. (29)
 (Ajaccio, in rupibus coralligenis.) R.

389. CALATHISCUS. *Laskey.* (TURBO.) *Phil.*
 tom. 2. p. 125.
 R. Cancellata. Payr.
 Alvania Europæa et mammiliata.
 Risso. fig. 116 et 128.
 Var. Fulva.

---

(28) Testa elongata, acuta, pellucida, fulvo longitudinaliter lineata, transversim striata, apertura nigro marginata.

 Long. 3 1/2. lat. 1.

(29) Differt a Calathisco, parvitate, forma longiore, acuta, numero serierum granulorum, etc.

Var. Flavicans.

Var. Alba.

Var. Fasciata.

Var. Elongata.

(Ajaccio.) C.

390. R. Montagui. Payr. p. 111. tab. 5. fig. 13-14.

Var. Major, concolor.

Var. id. Fasciata.

Var. id. Nigrescens, albo-fasciata.

Var. id. Violacescens.

Var. Minor, elongata.

Var. id. Albo-rufescens.

Var. id. Flavicans.

Var. id. Fulva.

Var. id. Brunnea.

Var. id. Nigra.

Var. id. Pellucida.

Var. id. Alba, fusco-fasciata.

Var. id. Flavescens, fasciata.

Var. id. Brunnea, fasciata.

(Ajaccio.) C.

391. Aspera. Phil. tom. 2. p. 126. tab. 23. fig. 6.

(Ajaccio.) R.

392. Lineolata. Mich. nº 5. fig. 13-14.

(St-Florent.) R.

393. Radiata. Phil. tom. 1. p. 131. tab. 10. fig. 15.

(Ajaccio.) R.

394. Crenulata. Mich. nº 10. fig. 1-2.

Var. Major.

Var. Intermedia.

Var. Labro non marginato.

(Ajaccio.) C.

395.   R. Scabra. *Phil. tom. 2. p. 126. tab. 13.*
    fig. 8.
      (Ajaccio.) R.

396.   Lactea. *Mich. n° 3. fig.* 11.
    Var. Major.
    Var. Minor.
      (Ajaccio.) C.

397.   Ehrenbergii. *Phil. tom. 2. p. 127. tab. 23.*
    fig. 9.
      (Ajaccio.) R.

398.   Rudis. *Phil. tom. 2. p. 128. tab. 23.*
    fig. 12.
      (Ajaccio. R.)

399.   Excavata. *Phil. tom. 1. p. 154. tab. 10.*
    fig. 6.
      (Ajaccio.) R.

400.   Scalariformis. (30)
      (Ajaccio. *Duminy.*) R.

401.   Subsulcata. *Phil. tom. 2. p. 129. tab. 23.*
    fig. 16.
      (Ajaccio.) R.

402.   Fulva. *Mich. n° 9. fig.* 17-18.
    Var. Major.
    Var. Media.
    Var. Albescens.
    Var. Minor.
    Var. Fasciata.
    Var. Pellucida. An distincta species?
      (Ajaccio.) C.

403.   Cingilus. *Mich. n° 8. fig.* 19-20.
      (Ajaccio.) R.

---

(30)   Testa turrita, acuta, lutescens, costata, costis distantibus, basi
evanidis, apertura rotunda.
Long. 5. lat. 2.

*404   R. Elongata *Phil. tom. 1. p. 154. tab. 16. fig. 16.*

(Ajaccio.) R.

*405.   Pygmea. *Mich. n° 13. fig. 25-26.*

(Ajaccio.) R.

*406.   Minutissima. *Mich. n° 14. fig. 27-28.*

Var. Alba.

Var. Lineata.

Var. Elongata.

(Ajaccio.) R.

*407.   Simplex. *Phil. tom. 2. p. 129. tab. 23. fig. 17.*

(Ajaccio.) R.

*408.   Pupoides. (31)

(Ajaccio.) R.

*409.   Granulata. (32)

Var. Alba.

Var. Fasciata. An species distincta?

(Ajaccio, *Duminy*.) R.

*410.   Fasciata. (33)

(Ajaccio. *Duminy*.)

411.   Bruguierii. *Payr. p. 113. pl. 5. fig. 17 et 18.*

Var. Labro marginato.

---

(31) Testa oblonga, obtusiuscula, pellucida, anfractibus convexiusculis, transversim tenuissime striatis, labro expanso simplici, apertura rotundata.

Long. 2 1/2 lat. 1.

(32) Testa turrita, acuta, pellucida, alba, anfractibus convexis, costatis, triseriatim granulatis, ad basim costatis lævibus, apertura subrotunda.

Long. 2. lat. 1.

(33) Testa ovata, lævi, nitida, pellucida, virescens, fulvo-trifasciata, apertura rotundata.

Long. 1. lat. 3/4.

(57)

Var. Labro simplici.

Var. Ventricosa. An species distincta?

Var. Minor.

Distinctum genus puto.

(Ajaccio.) C.

XCVII. TRUNCATELLA. *Risso.*

 412. TRUNCATULA. *Drap.* (CYCLOSTOMA.) *Risso.*
   fig. 57.

    (Bonifacio, Ajaccio.)

 *413. LEVIGATA. *Risso. tom.* 4. *p.* 125. *fig.* 53.

    (Bonifacio.)

 414. DESNOYERSII. *Payr.* (PALUDINA.) *p.* 116.
   tab. 5. *fig.* 21-22.

    (Bonifacio, Ajaccio.) R.

 *415. MINUTA. (34)

    (Ajaccio. *Duminy.*) R.

XCVIII. EULIMA. *Risso.*

 416. POLITA. *L.* (TURBO.) *Phil. tom.* 2. *p.* 134.

   Rissoa Boscii. Payr. p. 112. *tab.* 5.
   fig. 15-16.

   Var. Recta.

   Var. Incurvata.

    (Ajaccio.) R.

 *417. NITIDA. *Lam.* (MELANIA.) *Phil. tom.* 1.
   p. 157. *tab.* 9. *fig.* 17.

    (Ajaccio.) R.

 418. SUBULATA. *Donovan.* (TURBO.) *Phil. tom.*
   2. *p.* 134.

   Melania Cambessedii. Payr. p. 107.
   tab. 5. *fig.* 11-12.

    (Ajaccio, Bonifacio.) R.

---

(34) Spira acuta, apertura ovata.
Long. 2. lat. 2.   8

*419. E. Distorta. *Desh Phil. tom. 2. p. 135.
tab. 9. fig. 10.*
(Ajaccio.) R.

*420. Acicula. *Phil. tom. 2. p. 135. tab 9.
fig. 6.*
(Ajaccio.) R.

*421. Brevis. (35)
(Ajaccio. *Duminy.*) R

*422. Monodon. (36)
(Ajaccio.) R.

*423. Unidens. (37)
(Ajaccio. *Duminy.*) R

*424. Cingulata. (38)
(Ajaccio. *Duminy.*) R.

*425. Turritellata. (39)
(Ajaccio. *Duminy.*) R.

XCIX. CHEMNITZIA. *D'Orbigny.*

*426. Elegantissima. *Montagu.* (Turbo.) *Phil.
tom 2. p. 136. tab. 9. fig. 5.*
(Ajaccio.) R.

---

(35) Testa brevis, solida, turrita, ventricosa, acuta. anfractibus planis, continuis, apertura ovata.
Long. 4. lat. 1 1/2.

(36) Testa oblongo-conica, acuta, ventricosa, alba, solida, nitida, sutura impressa; subperforata; apertura ovato-oblonga, columella unidendata.
Long. 7. lat. 3.

(37) Testa oblonga, alba, aciculata, apice obtusiusculo : apertura ovata, columella unidentata.
Long. 2. lat. 1.

(38) Testa turritellata, oblonga, pellucida, anfractibus margine superiore cingulatis, transversim striatis, striis exilissimis, apertura ovato-oblonga.
Long. 5. lat. 1 1/2.

(39) Testa subulato-turrita. anfractibus 10-11. lævissimis, convexiusculis, sutura distincta divisis, apertura oblongo-ovata, subtorta.
Long. 4. lat. 1.

427. C. PALLIDA. *Phil. tom. 2. p. 136. tab. 9. fig. 8.*

(Ajaccio.) R.

428. SCALARIS. *Phil. tom. 2. p. 137. tab. 9. fig. 9.*

(Ajaccio.) R.

429. DENSE-COSTATA. *Phil. tom. 2. p. 137. tab. 24. fig. 9.*

(Ajaccio.) R.

430. GRACILIS. *Phil. tom. 2. p. 137. tab. 24. fig. 11.*

(Ajaccio.) R.

431. FASCIATA. (40)

(Ajaccio.) R.

432. PERLATA. (41)

(Ajaccio. *Doming.*) R.

C.   TURBONILLA. *Risso.*

433. HUMBOLDTI. *Risso. tom. 4. p. 394. tab. 5. fig. 63. mala.*

Tornatella Clathrata. Phil. tom. 1. p. 166.

Chemnitzia Humboldti. Phil. tom. 2. p. 137.

Var. Elongata.

Var. Brevis.

(Ajaccio.) R.

CI.   NERITINA. *Lam.*

434. VIRIDIS. *L.* (NERITA.)

(Ajaccio.) R.

---

(40) Testa turrita, acuta, anfractibus planiusculis sutura profunda disjunctis, transversim rufo quadrifasciatis, longitudinaliter plicatis plicis rectis.

Long. 12. lat. 3.

(41) Scalaris, spira obtusa, striis longitudinalibus, perlatis, suturis profundis, anfractibus rotundatis, costis rectis.

Long. 1 1/. lat. 1/.

CH. **NATICA** *Brug.*

435. **CANRENA.** *Lam.*

(Ajaccio. *Payraudeau*

436. **OLLA.** *Marcel de Serres.*

N. Glaucina. Payr.

(Aleria, Ajaccio, Bonifacio.) C.

437. **MILLEPUNCTATA.** *Lam.*

(Bastia, Ajaccio.) C.

438. **MACULATA.** *Desh. in Lam. edit. 2ᵉ n° 32*

N. Cruentata. Payr. non Lam.

(Ajaccio.) C.

439. **MONILIFERA.** *Lam.*

(Bastia.) R.

440. **GUILLEMINII.** *Payr. p.* 119. *tab.* 5
fig. 25-26.

(Ajaccio.) R.

441. **MAROCHIENSIS.** *Gmel.* (**NERITA.**) *Phil. t.* 1.
p. 256. *tab.* 9. *fig.* 11.

(Ajaccio.)

Var. Intermedia. *Phil.*

(Ajaccio.) R.

442. **HELICINA.** *Phil. tom.* 1. *p.* 163. *tab.* 9.
fig. 12.

(Ajaccio.) R.

443. **DILLWINII.** *Payr. p.* 120. *tab.* 5. *fig.* 27
et 28.

(Ajaccio.) R.

444. **INTRICATA.** *Donovan.* (**NERITA.**) *Phil.*
tom. 2. *p.* 140.

N. Valenciennesii. Payr. p. 118.
tab. 5. *fig.* 23-24.

(Ajaccio.) C.

Var. Brunnea.

(Ajaccio.) R.

445. N. FLAMMULATA. (42)
(Ajaccio.) R.

446. GRISEA. (43)
(Ajaccio.) R.

447. SUBCARINATA. *Walker.* HELIX. *Phil.*
tom. 2. *p.* 141. *tab.* 24. *fig.* 13.
Genus distinctum?
(Ajaccio. *Duminy.*) R.

CIII.   JANTHINA. *Lam.*

448. BICOLOR. *Menke. Phil. tom.* 1. *p.* 164.
J. Communis. Payr. p. 120.
(Ajaccio.) C.

449. NITENS. *Menke. Phil. tom.* 1. *p.* 164.
tab. 9. *fig.* 15.
J. Prolongata. Payr. p. 121. *tab.* 6.
fig. 1.
(Ajaccio, Bonifacio.) R.

CIV.   CORIOCELLA. *de Blainv.*

450. PERSPICUA. *L.* (HELIX.) *Phil. tom.* 1.
p. 165. *tab.* 10. *fig.* 5.
Sigaretus Kindelanianus. Mich. fig.
1 *et* 2.
(Ajaccio.) R.

CV.   SIGARETUS. *Lam.*

451. HALIOTIDEUS. *L.* (HELIX.)
(Ajaccio. *Duminy.*) R.

---

(42) Testa ventricoso-globosa, albida, flammulis fulvis longitudinalibus ornata, zonis tribus albidis cincta, labio umbilicari adnato, callo-o
Alt. 16. lat. 15.

(43) Testa ventricoso-ovata, albida, fasciis quinque albo fulvoque reticulatis ornata, intus violacea, spira prominula, labio adnato, callo-o sinuato.
Alt. 14. lat. 14.

CVI.   HALIOTIS. *L.*

452. TUBERCULATA. *L.*

Var. Plicis elevatis subfoliaceis.

Var. Plicis mediocribus.

Var. Plicis nullis. *H. Striata. Lam.*

Var. Lucida. *H. Glabra. Costa.*

Var. Marmorata.

Var. Variolaris.

(Ajaccio.) C.

CVII.   TORNATELLA. *Lam.*

453. TORNATILIS. *L.* (VOLUTA.)

T. Fasciata. Lam. Payr.

(Ajaccio.) R.

CVIII.   VERMETUS. *Adanson.*

*454. GIGAS. *Bivona. Phil. tom. 1. p. 170. tab. 9. fig. 18.*

Serpula arenaria. L. Lam.

Var. Contortuplicata.

(Ajaccio.)

Var. Granulato-verrucosa.

An serpula dentifera Lam.?

(Bastia.)

Var. Elongata.

Var. Minor.

(Ajaccio.)

455. TRIQUETER. *Bivona. Phil. tom. 1. p. 170. tab. 9. fig. 21-22.*

Vermilia triquetra. Payr.

Var. Intricata.

Var. Concentrica.

(Ajaccio.) C.

*456. V. Semi-surrectus. *Bivona. Phil. tom. 1.*
p. 171. *tab. 9. fig. 19.*
(Ajaccio.) R.

*457. Glomeratus. *Bivona. Phil. tom. 1.*
p. 171. *tab. 9. fig. 23.*
(Ajaccio.) R.

*458. Subcancellatus. *Bivona. Phil. tom. 1.*
p. 172. *tab. 9. fig. 20.*
Serpula contortuplicata. Gmel. ex
parte.
(Ajaccio.)

459. Pliciferus. *Lam.* (Vermilia.) *Payr.*
(Ajaccio.)

†460. Bicarinatus. *Lam.* (Vermilia.)
(Corse. *Payraudeau.*)

†461. Glomeratus. *L.* (Serpula.)
(Corse. *Payraudeau.*)

*462. Discus. (44)
(Bonifacio, Ajaccio, in madreporis.) R

CIX. SILIQUARIA. *Brug.*

*463. Anguina. *L.* (Serpula.)
(Bastia, Ajaccio.) R.

CX. SCALARIA. *Lam.*

464. Communis. *Lam. Phil. tom. 1. p. 167.*
tab. 10. fig. 3.
(Ajaccio.) C.

465. Lamellosa. *Lam. Payr. pl. 6. fig. 2.*

---

(44) Testa læviuscula, subgranulosa, rosea, antice flexuosa, postice
in spiram planam, discoideam, contorta.
Diam. disci 10, tubi 2.
Confer cum serpula circinali. Goldf.

(64)

Sc. *Pseudo-scalaris*. *Phil. tab.* 10. *fig.* 2.

(Ajaccio.) R.

*466. S. TENUICOSTA. *Mich. Phil. tom.* 2. *p.* 145. *tab.* 10. *fig.* 4.

Sc. *Planicosta*. *Biv. Phil. tom.* 1. *p.* 168.

(Ajaccio.) R.

*467. PULCHELLA. *Bivona. Phil. t.* 1. *p.* 168. *tab.* 10. *fig.* 1.

(Ajaccio. *M. l'abbé Crozet*.) R.

*468. CRENATA. *L.* (TURBO.) *Kiener. tab.* 6. *fig.* 18.

(Ajaccio.) R.

CXI. **DELPHINULA.** *Lam.*

*469. DUMINYI. (45)

(Ajaccio. *M. Brice*, *Duminy*.) R.

CXII. **SOLARIUM.** *Lam.*

*470. LUTEUM. *Lam.*

(Bonifacio, Ajaccio.) R.

*471. STRAMINEUM. *Gmel.* (TROCHUS.) *Phil. tom.* 2. *p.* 148.

(Ajaccio, in rupibus coralligenis.) R.

CXIII. **TROCHUS.** *L.*

CONICI.

472. GRANULATUS. *Born. Lam.*

(Ajaccio.) R.

------

(45) Testa nitida , supra striata, plana , subtus lævis, umbilico magno, apertura obliqua.

Lat. 3 1/2 alt. 1.

Differt. a D. lævi. *Phil.* absentia linearum umbilicarium . ab exilissimæ ejusdem auctoris absentia carinarum.

473. T. Conulus. *L.*

    Ajaccio, Bastia.

474. Zizyphinus. *L.*

    Var. Lutea.

    Var. Rufa.

    (Ajaccio, St-Florent)

    Var. Tr. Violaceus. *Risso. tom.* 1

    p. 127.

    Ajaccio.) R.

475. Conuloides. *Lam.*

    Var. 4 Cingulata.

    Var. 6 Cingulata.

    (Ajaccio.) R.

476. Cingulatus. *Brocchi. Phil. tom.* 1. *p.* 175.
    tab. 5. *fig.* 15.

    (Ajaccio.) R.

477 Dubius. *Phil. tom.* 2. *p.* 149. *tab.* 25.
    fig. 7.

    (Ajaccio. R.)

478. Lævigatus. *Phil. tom.* 1. *p.* 175. *tab.* 11.
    fig. 2.

    (Bastia.) R.

479. Laugierii. *Payr. p.* 125. *tab.* 6. *fig.* 3-4.

    Var. Olivacea, concolor.

    Var. id. Flammulata.

    Var. Flava, concolor.

    Var. id. Flammulata.

    Var. Vertice sulcato.

    Var. Vertice granulato.

    (Ajaccio.) C.

480. Crenulatus. *Brocchi. tab.* 6. *fig.* 2. *Phil.*
    tom. 2. *p.* 150.

    Tr. Matonii. p. 126. *tab.* 6. *fig.* 5-6.

    Var. Griseo-fusca.

Var. Fulvo-nigra.

Var. Grisea, albo-fasciata.

Var. Rubens, albo-radiata.

Var. Rosea.

Var. Rubra.

Var. Coccinea.

Var. Rubro-cincta.

Var. Cingulis articulatis.

Var. Minor.

(Ajaccio.) C

*481.   T. Striatus. *Gmel. Brocchi. tab. 16. fig. 4. Phil. tom. 1. p. 176.*

(Ajaccio. Capo di muro.) R.

*482.   Unidentatus. *Phil. tom. 2. p. 150. tab. 25. fig. 8.*

(Favona.) R.

*483.   Cyrnæus. (46)

(Ajaccio.) R.

CONOIDEI IMPERFORATI.

484.   T. Fragarioides. *Lam.* (Monodonta.)

Monodonta Olivieri. Payr. p. 133. tab. 6. fig. 15-16.

Var. Globosa.

Var. Elongata.

(Ajaccio.) C.

485.   Tessellatus. *Chemn. Desh.*

Monodonta Draparnaldi. Payr. p. 131. tab. 6. fig. 17-18.

---

(46) Testa turrito-conica, anfractibus subplanis, lineis transversis 5-6 cincta, infima crassior, basi convexiuscula sulcata, apertura subro-tunda, non dentata.

Alt. 9. lat. 6.

Tr. Articulatus. Phil. tom. 1. *p.* 177.
(Ajaccio.) C.

Var. Nigro et albo articulata.
(Bastia.)

486. T. DIVARICATUS. *L.*

Monodonta Lessonii. Payr. p. 139.
tab. 7. *fig.* 3-4.

Var. Spira exserta.

Var. Spira regulari.

Var. Perforata.
(Ajaccio.) C.

487. RARILINEATUS. *Mich.*
(Bastia, Ajaccio.)

CONOIDEI UMBILICATI.

488. T. FANULUM. *Gmel. Phil. tom.* 1. *p.* 179.

Monodonta Ægyptiaca. Payr. p. 137.
tab. 6. *fig.* 26-27.

Var. Albicans.

Var. Rubens.

Var. Nigro maculata.
(Ajaccio.) R.

489. MAGUS. *L.*

Var. Major.

Var. Minor fusco maculata.

Var. id. Rubra.
(Bastia, Ajaccio.) R.

490. RICHARDI. *Payr.* MONODONTA. *p.* 138.
tab. 7. *fig.* 1-2.

Var. Depressa.

Var. Globosa.

Var. Elata.

Var. Minor.

Var. Picta.

   (Ajaccio, Iles Sanguinaires.) C.

491. T. **Canaliculatus**. *Lam*. (Monodonta.)

   Trochus Fermonii. *Payr*. *p*. 128 *tab*. 6. *fig*. 11-12.

Var. Grisea.

Var. Rubro-maculata.

Var. Lutescens.

Var. Radiata.

Var. Conoidea.

Var. Globosa.

Var. Depressa.

   (Ajaccio.) C.

492. **Fuscatus**. *Gmel. Desh. in Lam. edit.* 2 *n*° 72.

   Tr. Umbilicaris. *Payr*. *p*. 129.

Var. Olivacea.

Var. Olivacea, picta.

Var. Rubescens.

Var. Globosa.

   (Ajaccio) C.

493. **Varius**. *Gmel. Phil. tom.* 1. *p*. 180. *tab*. 10. *fig*. 19.

Var. Grisea variegata.

Var. Marmorata.

Var. Nigro-picta.

   (Ajaccio.) C.

494. **Villicus**. *Phil. tom.* 2. *p*. 152. *tab*. 25 *fig*. 14.

Var. Grisea.

Var. Nigra.

   (Ajaccio.) R

495. **Roissyi**. *Payr. p.* 130. *pl.* 6. *fig.* 13-14

   (Ajaccio *Payraudeau*

496. T. Adansoni. *Payr. p.* 127. *tab.* 6. *fig.* 7-8.
      Var. Globosa.
      Var. Helicoides.
      Var. Sulcata. An Tr. Adriaticus Phil.?
      Var. Minor.
      (Ajaccio.)
497. Racketti. *Payr. p.* 128. *tab.* 6. *fig.* 9-10.
      (Ajaccio.) R.
*498. Sanguineus. *L.* (Turbo.)
      Turbo purpureus. Risso. fig. 48.
      (Ajaccio, in rupibus coralligenis.) R.

CXIV.   MONODONTA. *Lam.*

499. Corallina. *L.* (Trochus.)
      M. Couturii. Payr. p. 134. *tab.* 6.
      fig. 19-20.
      Var. Coccinea.
      Var. Albo-picta.
      Var. Brunnea.
      (Ajaccio, Lavesi.) C.
500. Viellotii. *Payr. p.* 135. *pl.* 6. *fig.* 21-23.
      Var. Nigrescens.
      Var. Brunnea.
      Var. Marmorata.
      (Ajaccio, Lavesi.) C.
501. Jussieui. *Payr. p.* 136. *pl.* 6. *fig.* 24-25.
      Var. Olivacea lævis.
      Var. id. Sulcata.
      Var. Nigrescens.
      Var. Rufescens.
      Var. Rubescens.
      Var. Zebrina.
      (Ajaccio.) C.

502.   M. Limbata. *Phil. tom. 2. p. 157. tab. 7.*
fig. 4.
An hujus generis?
(Ajaccio, in rupibus coralligenis.) R.

CXV.   TURBO. *L.*
503.   Rugosus. *L.*
(Ajaccio.) C.

CXVI.   PHASIANELLA. *Lam.*
504.   Pulla. *L.* (Turbo.)
Var. Virescens.
Var. Rubra.
Var. Variegata.
Var. Punctata.
Var. Fasciata.
Var. Cærulea.
(Ajaccio.) C.
505.   Intermedia. *Scacchi. Phil. tom. 2. p.* 158.
tab. 25. *fig.* 21.
(Bonifacio.) R.
506.   Speciosa. *Muhlf. Phil. tom.* 2. *p.* 158.
Ph. Vieuxii. Payr. p. 140. *tab.* 7.
fig. 5-6.
Var. Virescens.
Var. Flavescens.
Var. Rosea.
Var. Rubra.
Var. Marmorata.
Var. Elongata.
(Bonifacio, Ajaccio.) C.

CXVII.   LITTORINA. *Fer.*
507.   Cerulescens. *Lam.*

      L. Basterotii. Payr. p. 115 *tab.* 5
      fig. 19-20.
      Var. Spira obtusa.
      Var. Spira exserta.
      Var. Minor.
        (Ajaccio.) C.

*508.   L. Obtusata. *L.* (Turbo.)
*509.   Littorea. *L.* (Turbo.)
      (Ajaccio ?) R.
        Hæ duæ species recepi ut indigenæ.

CXVIII.   SCISSURELLA. *d'Orbigny.*
*510.   Plicata. *Phil. tom.* 1. *p.* 184. *pl.* 25.
      fig. 18.
       (Ajaccio.) R.

CXIX.   TURRITELLA. *Lam.*
*511.   Triplicata. *Brocchi. tab.* 6. *fig.* 14.
      Phil. tom. 2. *p.* 160.
      (Ajaccio , Bastia.) R.
512.   Communis. *Risso. fig.* 37.
      T. Terebra. Payr.
      Var. Sulcata.
      Var. Lævigata.
      Var. Costata.
       (Ajaccio.) C.

CXX.   CERITHIUM. *Brug.*
513.   Vulgatum. *Brug.*
      Var. Spinosa.
      Var. Tuberculata.
      Var. Gracilis.
      Var. Intermedia.
      Var. Minor.
      Var. Lævigata. An nova species ?
       (Ajaccio.) C.

514 C. Fuscatum. *Costa. Phil. tom.* 1 *p.* 193.
tab. 11. *fig.* 7.

  C. *Mediterraneum. Desh. in Lam.*
  edit. 2ᵃ *n°* 47.

  (Ajaccio.) C.

515. Lima. *Brug. Lam.*

  C. *Latreillii. Payr. p.* 143. *tab.* 7.
  fig. 9-10.

  Var. Varicosa.

  Var. Minor.

  Var. Elongata.

  Var. Aciculata. An species nova ?

  Valde affinis perverso sed dextra.

  Var. Scalaris. An distincta species ?

  (Ajaccio.) C.

516. Perversum. *Lam. Payr. tab.* 7. *fig.* 7-8.

  (Ajaccio.) C.

517. Lacteum. *Phil. tom.* 1. *p.* 195.

  (Bonifacio.) R.

518. Pygmæum. *Phil. tom.* 2. *p.* 162. *tab.* 25.
fig. 26.

  (Ajaccio.) R.

CXXI. **PLEUROTOMA.** *Lam.*

519. Reticulatum. *Ren.* (Murex.) *Phil. tom.* 1.
p. 196.

  Pl. Cordieri. Payr. p. 144. *tab.* 7.
  fig. 11.

  Kiener. tab. 24. *fig.* 1.

  Var. Caudata.

  Var. Media.

  Var. Brevis.

  (Ajaccio.) C.

520. Purpureum. *Montagu. Phil. tom.* 2.
p. 165.

Kien. tab. 25. fig. 3.

(Ajaccio.) R.

521. P. PHILBERTI. *Mich Phil. tom. 1. p. 19,*
tab. 11. *fig.* 14.

Kien. tab. 24. *fig.* 4.

Var. Cancellata.

Var. Costata.

Var. Elongata.

Var. Ventricosa.

Var. Flavescens.

(Ajaccio.) C.

522. LEUFROYI. *Mich. Phil. tom. 2. p. 165,*
tab. 11. *fig.* 24.

Kien. tab. 24. *fig.* 3.

(Ajaccio.) R.

523. LINEARE. *Montagu.* (MUREX.) *Phil. tom. 2.*
p. 166.

Kien. tab. 25. *fig.* 4.

Var. Major.

Var. Brevis.

(Ajaccio.) C.

524. GRACILE. *Montagu.* (MUREX.) *Phil.*
tom. 2. p. 166.

Pl. Comarmondi. Michaud. Kien.
tab. 24. *fig.* 2.

(Ajaccio. M. Guerre.) R.

525. COSTULATUM. *Risso.* (MANGELIA.) *Phil.*
tom. 2. p. 166.

Kien. tab. 25. *fig.* 2.

(Ajaccio.) R.

526. ATTENUATUM. *Montagu.* (MUREX.) *Phil.*
tom. 2. p. 166.

Pl. Villiersii. Mich. Kien. tab. 27. *fig.* 1.

(Ajaccio.) R.

527.   P. Multilineolatum. *Desh. Phil. tom.* 2. *p.* 166. *tab.* 26. *fig.* 1.

(Ajaccio.) R.

528.   Pusillum. *Scacchi. Phil. tom.* 2. *p.* 167. *tab.* 26. *fig.* 2.

(Ajaccio.) R.

529.   Plicatum. *Phil. tom.* 1. *p.* 198. *tab.* 11. *fig.* 15.

(Ajaccio.) R.

530.   Teniatum. *Desh. Phil. tom.* 2. *p.* 167. *tab.* 26. *fig.* 3.

(Ajaccio.) C.

531.   Vauquelinii. *Payr. p* 145 *tab.* 7. *fig.* 14-15.

Var. Major.

Var. Elongata.

Var. Brevis.

Var. Minor.

(Ajaccio.) C.

532.   Crassilabrum. (47)

(Ajaccio.) R.

533.   Cærulans. *Phil. tom.* 2. *p.* 168. *pl.* 26. *fig.* 4.

(Ajaccio.) R.

534.   Bertrandi. *Payr. p.* 144. *tab.* 7. *fig.* 12 *et* 13.

(Ajaccio.) R.

*535.   Ginannianum. *Scacchi. Phil. tom.* 2. *p.* 168. *tab.* 26. *fig.* 6.

(Ajaccio.) R.

---

(47) Testa oblonga, fusiformi, lævi, nitida, albicante, lineis transversis regularibus approximatis ornata, longitudinaliter plicata, plicis
circa 10, anfractibus superne parum angulatis, apertura lanceolata
spiram fere æquante.

Long. 7, lat. 3.

536.   P. Secalinum. *Phil. tom. 2. p. 170. tab. 26. fig. 9.*
(Ajaccio.) R.

537.   Striolatum. *Scacchi. Phil. tom. 2. p. 168. tab. 26. fig. 7.*
(Ajaccio.) R.

538.   Rugulosum. *Phil. tom. 2. p. 169. tab. 26. fig. 8.*
(Ajaccio.) R.

539.   Nanum. *Scacchi. Phil. tom. 2. p. 169. tab. 26. fig. 11.*
(Ajaccio.) R.

540.   Brachystomum. *Phil. tom. 2. p. 169. tab. 26. fig. 10.*
(Ajaccio.) C.

541.   Perlatum. (48)
Var. Luteo-punctata.
Var. Fusco-punctata.
Var. Multicostata.
(Ajaccio.) C.

CXXII.   CANCELLARIA. *Lam.*

†542.   Cancellata. *L.* (Voluta.)
(Ajaccio. *Payraudeau.*)

CXXIII.   FASCIOLARIA. *Lam.*

543.   Lignaria. *L.* (Murex.)
F. Tarentina. Lam. Payr. pl. 7. fig. 16.
(Ajaccio.) C.

---

(48) Testa turrita, albida, anfractibus convexis, costis 10-12 longitudinalibus perlatis, fusco-luteis, apertura ovata dimidiam spiram æquante. Long. 6. lat. 2.

Hæc species et præcedens sunt ne hujus generis, ob brevitatem aperturæ, non cissurata?

CXXIV. FUSUS. *Lam.*

544. CORNEUS. *L.* MUREX

  F. Lignarius. Lam. Pay.

  Var. Major.

  Var. Minor, striata.

  (Ajaccio.) C.

545. SYRACUSANUS. *L.* (MUREX.)

  Var. Costis 11-12.

  Var. Costis 8.

  Var. Provençalis. *Risso.*

  (Ajaccio.) C

546. PULCHELLUS. *Phil. tom. 2. p. 178. tab. 25. fig. 28.*

  (Bonifacio.) R

547. CRATICULATUS. *Brocchi.* (MUREX.) *tab. 7. fig. 14.*

  Phil. tom. 2. p. 178. tab. 25. fig. 28.

  (Bonifacio.) R.

548. MINUTUS. *Desh. in Lam. edit. 2ᵉ tom. 9. p. 474?*

  (Bonifacio.) R.

549. BABELIS. (49)

  (Bonifacio, in madreporis.) R.

  Var. Regalis (50) An species distincta?

  (Bonifacio, in madreporis.) R.

---

(49) **Testa** ovato-oblonga , fusiformi , utrinque acuminata ; anfractibus carinatis, coronatis, spinosis ; spinis latis , planis , squamulosis , triangularibus, anfractibus supra coronam plano-concavis, sublævibus : costis longitudinalibus 8-10 ; striis transversis elevatis . squamulosis , approximatis ; cauda breviuscula , recurva.

Long. 35. lat. 29.

(50) Testa minor squamulosa . spinis longis . ambulacrum supra coronam costato-papillosum.

CXXXV.   PYRULA. *Lam.*

*550.   MELONGENA. *L.*

Var. Striata. An species nova?

(Ajaccio. M. *Guerre.* M. *Roux.*) R.

CXXXVI.   MUREX. *L.*

*551.   TETRAPTERUS. *Bronn. Phil. tom. 2. p. 181.*
tab. 27. fig. 4.*

(Ajaccio.) R.

552.   BRANDARIS. *L.*

(Ajaccio.) C.

553.   TRUNCULUS. *L.*

Var. Fasciata.

Var. Fusca.

(Ajaccio.) C.

554.   ERINACEUS. *L.*

Var. Frondosa.

Var. Costata, varicosa.

Var. Canali-aperto.

(Ajaccio, Bastia, St-Florent.) R.

555.   CRISTATUS. *Broch. tab. 7. fig. 15. Phil.
tom. 1. p. 209. pl. 11. fig. 25.*

*M. Blainvillii. Payr. p. 149. tab. 7.
fig. 17-18.*

Var. Costata.

Var. Subfrondosa.

Var. Rosea.

(Ajaccio.) C.

556.   EDWARDSII. *Payr.* (PURPURA. *p. 152.
tab. 7. fig. 19-20.*

Var. Costata.

Var. Muricata.

Var. Scalaris.

Var. Canali-aperto.

(Ajaccio.) C.

CXXVII.   RANELLA. *Lam.*

   557. RETICULARIS. *L.* (MUREX.
       R. Gigantea. Lam. Payr.
       (Bastia , Ajaccio.) R.
 †558. RANINA. *Lam.*
       (Santa-Giulia. *Payrandeau.*)

CXXVIII.   TRITON. *Lam.*

   559. NODIFERUM. *Lam.*
       (Ajaccio , St-Florent.) C.
 †560. SCROBICULATOR. *L.* (MUREX.
       (Ajaccio. *Payrandeau.*)
   561. CORRUGATUM. *Lam.*
       (Ajaccio , Bonifacio.) R.
 *562. OLEARIUM. *L.?* (MUREX.
       (Ajaccio.) R.
   563. CUTACEUM. (MUREX.
       (Ajaccio , Bonifacio.) R.
      Var. Labro simplici. An junior?
      An species distincta ?
      (Ajaccio.) R.

CXXIX.   CHENOPUS. *Phil.*

   564. PES PELECANI. *L.* (STROMBUS.
       Pterocera. id. Lam. Payr.
       (Ajaccio.) C.
 *565. SERRESIANUS. *Mich.* (ROSTELLARIA.)
       Phil. tom. 2. p. 185. *tab.* 26. *fig.* 6.
       (Bonifacio.) R.

CXXX.   CASSIDARIA. *Lam.*

   566. TYRRHENA. *L.* (BUCCINUM.
       (Ajaccio.) R.
   567. ECHINOPHORA. *L.* (BUCCINUM.
       Var. Spira brevi.

Var. Spira elongata

Var. Cingulis tuberculatis. †→

CXXXI.   CASSIS. *Lam.*

568.   UNDULATA. *L.* (BUCCINUM.)
C. Sulcosa. *Lam. Payr.*
(Ajaccio.) R.

†569.   DECUSSATA. *L.* (BUCCINUM.)
(Valinco, Figari, Galeria. *Payraudeau.*)

570.   SABURON. *Lam.*
(Bonifacio.) R.

†571.   VIBEX. *Lam.*
(Ventilègne, Lavesi. *Payraudeau.*)

CXXXII.   PURPURA. *Lam.*

572.   HÆMASTOMA. *L.* (BUCCINUM.)
(Iles Sanguinaires.) C.

†573.   PATULA. *L.* (BUCCINUM.)
(Capo di fieno. *Payraudeau.*)

CXXXIII.   DOLIUM. *Lam.*

574.   GALEA. *L.* (BUCCINUM.)
(Bonifacio.) R.

CXXXIV.   BUCCINUM. *L.*

575.   PUSIO. *L.*
B. Maculosum. Lam. Payr. tab. 7.
fig. 21-22.
Var. Marmorata.
Var. Brunnea.
(Ajaccio.) C.

576.   D'ORBIGNII. *Payr. p.* 159. *tab.* 8. *fig.* 1-6.
(Ajaccio.) C.

CXXXV.   NASSA. *Lam. Desh.*

577   RETICULATA. *L.* (BUCCINUM.)

(80)

Var. Costata.

(Iles Sanguinaires.) R

Var. Ventricosa.

(St-Florent.) R.

Var. Costulata. An species distincta ?

(Calvi.) R.

578. N. **Prismatica**. *Brocchi. p*. 337. (Buccinum.) *Phil. tom*. 1. *p*. 219.

(Ajaccio.) R.

579. **Incrassata**. *Mull*. (Buccinum.) *Desh. in
Lam. edit*. 2ᵉ nᵒ 38.

B. Ascanias. Brug. Phil. tom. 2. *p*. 188.

Var. Elongata, variegata.

B. Macula. Payr. p. 157. *tab*. 7.
fig. 23-24.

Var. Ovata, concolor.

B. Lacepedii. Payr. p. 161. *tab*. 8.
fig. 13-14.

Var. Maculata.

Var. Nigrescens.

Var. Fasciata.

Var. Rufa.

Var. Rosea.

Var. Flava.

Var. Alba.

Var. Varicosa.

(Ajaccio.) C.

580. N. **Variabilis**. *Phil*. (Buccinum.) *tom*. 1.
pag. 221. *tab*. 12. *fig*. 1-7.

Var. Major.

B. Ferussaci. Payr. p. 162. *tab*. 8.
fig. 15-16.

Var. Media.

Var. Minor, variegata.

B. Cuvierii. Payr. p. 163. *tab.* 8
fig. 17-18.

Var. Minor, rufescens.

Var. id. Nigrescens.

Var. id. Alba.

Var. id. Bifasciata.

Var. Varicosa.

(Ajaccio.) C.

581. N. Mutabilis. *L.* (Buccinum.)

Var. Rufescens.

Var. Rufescens, picta.

Var. Albida, picta.

(Ajaccio, Bonifacio.) C.

582. Marginulata. *Lam.?* (Buccinum.)

(Ajaccio, Bonifacio.) R.

583. Corniculum. *Olivi.* (Buccinum.) *Phil.
tom.* 1. *p.* 223.

Buccinum Fasciolatum. Lam.

Var. Major, concolor.

Var. id. Fasciata.

B. Calmeilii. Payr. p. 160. *tab.* 8.
fig. 7-9.

Var. Elongata.

Var. Minor, fasciata.

B. Dermestoideum. Payr. p. 158. *non
Lam.*

Var. Minor, grisea.

Var. Lutescens.

Var. Nigricans.

(Ajaccio.) C.

†584. Gibbosula. L. (Buccinum.)

(Ajaccio *Payraudeau.*)

585. Neritea. *L.* (Buccinum.)

Cyclope. id. Denis Montfort

Var. Major.

Var. id. Rufa.

   (St-Florent.) R.

Var. Media.

Var. Minor , alba.

Var. id. Albida.

Var. id. Lutescens.

Var. Minima.

   (Ajaccio.) C.

CXXXVI.   **COLUMBELLA.** *Lam.*

   586. Rustica. *L.* (Voluta.)

      Var. Brunnea, subconcolor.

      Var. id. Fasciata.

      Var. Fulva, fasciata.

      Var. Flammea.

      Var. Flava, concolor.

      Var. id. Bifasciata.

      Var. Albida , flammea.

      Var. Acuminata.

      C. Spongiarum Kiener ?

      (Ajaccio.) C.

   587. Lævigata. *L.* (Buccinum.) *Desh. in Lam*
      edit. 2ᵃ *nº* 39.

      (Lavesi.) R.

   588 Corniculata. *Lam.* (Buccinum.) *Desh*
      in Lam. edit. 2ᵃ *nº* 42 , *in nota.*

      Buccinum scriptum. L.

      Buccinum Linnæi. Payr. p. 161
      tab. 8 *fig.* 10-12.

      Var. Fusco-marmorata

      Var. Flavo-marmorata.

      (Bonifacio. Ajaccio.) R.

589. C. Gervilii. *Payr.* Mitra. *p.* 165. *tab.* 8
fig. 21.
(Bonifacio.) R.

CXXXVII. MITRA. *Lam.*

590. Ebenus. *Lam.*
M. Cornea. Payr. tab. 8. *fig.* 20.
Var. Nigra, elongata. *Phil. tab.* 12
fig. 10.
Var. Bifasciata.
Var. Lanceolata. fusca.
Var. Olivacea.
Var. Spadicea.
Var. Subcostata.
Var. Plicata.
M. Defrancii. Payr. p. 166. *tab.* 8.
fig. 22.
(Ajaccio.) C.

591. Lutescens. *Lam. Payr. tab.* 8. *fig.* 19.
Var. Flavescens.
Var. Olivacea.
(Ajaccio.) C.

592. Savignyi. *Payr. p.* 166. *tab.* 8. *fig.* 23-25.
Var. Elongata.
Var. Oblonga.
Va.. Ventricosa.
(Ajaccio.) C.

*593. Columbellaria. *Scacchi. Phil. tom.* 2.
p. 195. *tab.* 27. *fig.* 17.
(Ajaccio.) R.

CXXXVIII. MARGINELLA. *Lam.*

594. Secalina. *Phil. tom.* 2. *p.* 197. *tab.* 27
fig. 19.

Volvaria triticea. Payr.

(Bonifacio.) R.

595.   M. LEVIS. *Donovan. Phil. tom. 2. p. 197.*

M. Donovani. Payr. p. 167. tab. 8. fig. 26-27.

(Ajaccio, Bonifacio, in madreporis.) R

596.   MILIACEA. *Lam.* (VOLVARIA.) *Payr. tab. 8. fig. 28-29.*

Var. Flavicans.

Var. Alba.

Var. Fasciata.

(Ajaccio.) C.

*597.   MINUTA. *Pfeiffer. Phil. tom. 2. p. 197. tab. 27. fig. 23.*

(Ajaccio.) C.

CXXXIX.   OVULA. *Brug.*

*598.   ADRIATICA. *Sow. Phil. tom. 1. p. 233. tab. 12. fig. 13.*

Var. Oblonga.

Var. Elongata.

(Bonifacio, in coralliis.) R.

599.   SPELTA. *L.* (BULLA.) *Phil. tom. 1. p. 233. tab. 12. fig. 17.*

(Bonifacio, in coralliis.) R.

†600.   TRITICEA. *Lam. Payr. tab. 8. fig. 30-32.*

(Bonifacio. *Payraudeau.*)

*601.   PURPUREA. *Risso.* (SIMNIA.) *tom. 4. p. 235. (51)*

(Ajaccio, in rupibus coralligenis) R.

---

(51) Testa elongata, medio subventricosa, utrinque acuminata, nitidissima, pellucida, purpurea, superne inferneque exilissime striata, medio lævi, apertura angusta, basi parum dilatata, labro simplici. Long. 13. lat. 5.

602. O. CARNEA. *L.* (BULLA.)

  Var. Rubra.

  Var. Rosea.

  Var. Pallida.

   (Bonifacio, in madreporis.)

CXI. CYPRÆA. *L.*

'603. LURIDA. *L.*

  Var. Brunnea.

  Var. Cinerea.

  Var. Minor.

   (Calvi, Ajaccio.) R.

'604. PYRUM. *L.*

  C. Rufa. Lam.

   (Bonifacio.) R.

605. SPURCA. *L.*

  C. Flaveola. Lam. Payr.

  Var. Flavescens.

  Var. Pallida.

  Var. Grisea.

   (Bonifacio, Calvi.) R.

606. ANNULUS. *L.*

   (St-Florent, Ajaccio.) R.

607. MONETA. *L.*

   (St-Florent, Ajaccio.)

'608. EROSA. *L.*

   (Corsica ?)

'609. LYNX. *L.*

   (Ajaccio, in littore prope cœmeterium
    Me Philippe.) R.

'610. CARNEOLA. *L.*

   (Bonifacio ?)

'611. CAURICA. *L.*

   (Corsica ?)

612.   C. Europea. *Montagu. Phil. tom.* .
       p. 199.
       C. Coccinella. Lam.
       C. Pediculus. Payr.
       Var. Carnea.
       Var. Tripunctata. R.
           (Bonifacio , Ajaccio.) C.
613.   Pulex. *Solander. Phil. tom.* . *p.* 200
       C. Coccinella. Payr.
       Var. Fusca.
       Var. Rosea.
       Var. Pellucida.
           (Ajaccio.) C.

CXLI.   CONUS. *L.*

614.   Mediterraneus. *Brug.*
       Var. Obtusa , ventricosa.
       Var. Acuta.
       Var. Subconcolor.
       Var. Marmorata.
       Var. Fasciata.
       C. Franciscanus. Lam. Payr.
           (Ajaccio.) C.

MOLLUSCA CEPHALOPODA.

CXLII.   ARGONAUTA. *L.*
    615.   ARGO. *L.*
        (Bastia.) R.

CXLIII.   OCTOPUS. *Lam.*
    616.   VULGARIS. *Lam.*
        (Ajaccio.) C.

CXLIV.   ELEDONE. *Leach.*
    617.   MOSCHATA. *Lam.* (OCTOPUS.)
        (Ajaccio.)

CXLV.   LOLIGO. *Lam.*
    618.   VULGARIS. *Lam.*
        (Ajaccio.) C.
   †619.   SUBULATA. *Lam.*
        (Bastia. *Payraudeau.*)
   †620.   SAGITTATA. *Lam.*
        (Bastia. *Payraudeau.*)

CXLVI.   SEPIOLA. *Leach.*
   †621.   RONDELETI. *Leach.*
        Loligo sepiola. Payr.
        (Bastia. *Payraudeau.*)

CXLVII.   SEPIA. *L.*
    622.   OFFICINALIS. *L.*
        (Ajaccio.) C.

MOLLUSCA HETEROPODA.

CXLVIII.   CARINARIA. *Lam.*
    †623.   MEDITERRANEA. *Peron et Lesueur.*
        (Bastia. *Payraudeau.*)

CXLIX.   LADAS. *Cantraine.*
    *624.   KERAUDRENII. *Lesueur.* (ATLANTA.)
        Atlanta Costæ. Pirajno. p. 5. *fig.* 1.
        (Ajaccio, *Duminy.*) R.

ANNELIDES.

CL.   HIRUDO. *Lam.*
    625.   MEDICINALIS. *L.*
        (Porto-Vecchio, Ajaccio.) C.
    626.   SANGUISORBA. *L.*
        (Ajaccio.)

CLI.   PONTOBDELLA. *Leach.*
   *627.   MUTICATA. *L.* (HIRUDO.) *de Blainville.*
        Albione Verrucata. Sav. Moquin-Tandon.
        (Ajaccio, in rupibus coralligenis.)

CLII.   ERPOBDELLA. *de Blainville.*
   *628.   BIOCULATA. *Mull.* (HIRUDO.)
        (Ajaccio, in cisternis.) R.

CLIII.   LUMBRICUS. *L.*
    629.   TERRESTRIS. *L.*
        (Ajaccio.) C.

CLIV.   LYCORIS. *Sav.*
   †630.   LOBULATA. *Sav.*
        (Golfe Provençal. *Payraudeau.*)

CLV.   HESIONE. *Sav.*
   †631.   FESTIVA. *Sav.*
        (Ajaccio. *Payraudeau.*)

CLVI.   ARENICOLA. *Cuvier.*
    632.   PISCATORUM. *Cuvier.*
        (Ajaccio.) C.

CLVII.   DENTALIUM. *L.*
   †633.   ELEPHANTINUM. *L.*
        (Figari. *Payraudeau.*)

634. D. DENTALIS. *L.*
(Ajaccio.) C.

635. NOVEM-COSTATUM. *Desh.*
(Santa Manza. *Payraudeau.*)

636. ENTALIS. *L.*
(Ajaccio.) C.

*637. RUBESCENS. *Desh. Phil. tom.* 1. *p.* 341
(Bonifacio, Ajaccio.) R

CLVIII.   AMPHITRITE. *Brug.*

638. VENTILABRUM. *Sav.* (SABELLA.)
(Ajaccio.) R

CLIX.   TEREBELLA. *L.*

639. CONCHYLEGA. *L.*
(Ajaccio.)

CLX   SPIRORBIS. *Lam.*

640. NAUTILOIDES. *Lam.*
(Ajaccio.) C

CLXI   SERPULA. *L.*

641. VERMICULARIS. *L.*
(Ajaccio.)

642. CONTORTUPLICATA. *L.*
(Corse. *Payraudeau.*)

643. ECHINATA. *L.*
(Ajaccio.) R.

644. FILOGRANA. *L.*
(Ajaccio.) R.

*645. SERPENTINA. (52)
(Ajaccio, in foliis caulinæ.) R.

---

(52) Testa minima, lævi, nitida, cylindrica, solitaria, serpentiformis.
Diam. tubi 1/2.

CIRRHIPEDA.

RADIARIÆ.

ECHINIDES.

CLXXII.   CIDARIS. *Lam.*
    664. Hystrix. *Lam.*
        (Bonifacio.)

CLXXIII.   DIADEMA. *Agassiz.*
    665. Europæum. *Ag.*
        (Bonifacio.) R.

CLXXIV.   ECHINUS. *L.*
    666. Melo. *L.*
        Var. Sphærica.
        Var. Conoidea.
        Var. Rubescens.
        Var. Virescens.
        (Bonifacio , Ajaccio.)
    667. Miliaris. *Leske.*
        (Ajaccio.) R.
    668. Brevispinosus. *Risso.*
        (Ajaccio.) R.
    669. Esculentus. *L.*
        (Ajaccio.) R.
    670. Lividus. *Lam.*
        (Ajaccio.) C.

CLXXV.   ECHINOCYAMUS. *Agassiz.*
    671. Tarentinus. *Desl.* (Fibularia. *Lam.*
        Var. Ovata.

Var. Rotundata.
Var. Subglobosa. R.
(Ajaccio.) C

672. E. Angulosus. *Leske.* (Fibularia. *Lam.*
(Ajaccio.) R.

CLXXVI. SPATANGUS. *Klein.*

673. Purpureus. *Mull. Lam.*
. (Ajaccio.)
674. Meridionalis. *Risso.*
(Bonifacio.) R.

CLXXVII. AMPHIDETUS. *Agassiz.*

675. Gibbosus. *Ag.*
Spatangus id.
(Bastia, Ajaccio.) P

ECHINIDES.

FOSSILES BONIFACIENSES.

*N. B. Les noms des Oursins fossiles marqués ⁕ m'ont été donnés par
mon ami Hardouin* MICHELIN, *Conseiller à la Cour des Comptes.*

CLYPEASTER. *Lam.*

ALTUS. *Lam.*

CRASSUS. *Agassiz.*

DILATATUS. *Ag.*

FOLIUM. *Ag.*

GIBBOSUS. *Ag.*

LAGANOIDES. *Ag.*

LATIROSTRIS. *Ag.*

MARGINATUS. *Lam.*

SCILLÆ. *Ch. Des Moulins.*

SCUTELLATUS. *M. de Serres.*

UMBRELLA. *Ag.*

SCUTELLA. *Lam.*

SUBROTUNDA. *Lam.* (Je l'ai aussi trouvé à St-Florent.)

TRIPNEUSTES. *Ag.*

PARKINSONI. *Ag.*

PYGORRHINCUS. *Ag.*

SUBCYLINDRICUS. *Ag.*

ECHINOLAMPAS. *Gray*.
    Excentricus. *Ch. Des Moulins.*
    Hemisphæricus. *Ag.*
    Scutiformis. *Ch. Des Moulins.*

CONOCLYPUS. *Ag.*
    Plagiosomus. *Ag.*

SPATANGUS. *Klein.*
    Corsicus. *Desor.*
    Simplex. *Ag.*

MACROPNEUSTES. *Ag.*
    Marmoræ. *Desor.*

BRISSOPSIS. *Ag.*
    Sismondæ. *Ag.*

HEMIASTER. *Desor.*
    Latus. *Desor.*

SCHIZASTER. *Ag.*
»   Ambulacrum. *Ag.*
    Corsicus. *Ag.*
    Eurynotus. *Ag.*
    Goldfusii. *Ag.*

FINIS.

SUPPLÉMENT.

———

Page 16, n° 36, ajoutez les variétés suivantes :
> *Var*. Trapezoidalis.
> *Var*. Elongata.
> *Var*. Rotundata.
>> (Bonifacio, Ajaccio, in rupibus madre-
>> poricis.) R.

Page 19, n° 59, au lieu de *Tellina solidula*, lisez :
> TELLINA BALTHICA. *L*.
> *T. Solidula. Soland. Lam.*
>> (Ajaccio, *M. Pégulu*.) R.

Page 22, genre XXIX, n° 87, au lieu de *Crassina Danmoniensis*, lisez :
> ASTARTE. *Sow*.
> INCRASSATA. *Desh*. (CRASSINA.) *in Lam.*
> *edit.* 2ᵉ *n°* 3.
> *Venus Incrassata. Brocchi. tab.* 14.
> *fig.* 7.
>> (Ajaccio, Bastia.) R.

Page 23, après le n° 93, ajoutez :
> *93. bis.* CYTHEREA CYRILLI. *Scacchi.*
>> *Phil. tom.* 2. *p.* 32. *tab.* 4. *fig.* 5.
>> (Ajaccio.) R.

Page 25, après le n° 106, ajoutez :
> *106. bis.* VENUS UNDATA. *Penn.*
>> *Phil. tom.* 2. *p.* 34.
>> *V. Incompta. Phil. tom.* 1. *p.* 44.
>> *tab.* 4. *fig.* 9.
>> (Ajaccio.) R.

Page 26, après le n° 118, ajoutez :

   *118. *bis.*   CARDIUM SCOBINATUM. *Lam. n° 38?*

   Testa orbiculata, tenui, convexa, lutescens, costis 30, echinato-squamosis, ad umbones lævigatis.

   Long. 18. lat. 17. crass. 12.

   (Ajaccio. R.)

N° 121, au lieu de *Cardium sulcatum*, lisez :

n° 121. CARDIUM OBLONGUM. *Chemn.*

   Desh. in Lam. edit. 2ª p. 401.

   C. Sulcatum. Lam. Payr.

   C. Serratum. Brug.

   (Ajaccio.) R.

N° 122, au lieu de *Cardium lævigatum*, lisez :

*122.   CARDIUM SERRATUM. *L. Lam.*

   C. Lævigatum. Phil. tom. 1. p. 50.

   (Ajaccio.) R.

Page 27, après le n° 23, ajoutez :

   *123. *bis.*   CARDIUM PUNCTATUM. *Brocchi. tab. 16. fig. 11.*

   Phil. tom. 2. p. 38.

   (Ajaccio.) R.

   *123. *ter.*   CARDIUM SCABRUM. *Phil. tom. 2. p. 38. tab. 14. fig. 16.*

   (Ajaccio.) R.

Page 32, après le n° 185, ajoutez :

   *185. *bis.*   PECTEN TESTÆ. *Bivona.*

   Phil. tom. 1. p. 81. tab. 5. fig. 17.

   (Ajaccio.) R.

Page 35, au n° 211, ajoutez les variétés suivantes :

   Var. Rotundata.

   Var. Oblonga.

   Var. Lunaris.

Après le n° 212 , ajoutez :

*212. *bis*.   Orthis pera. *Muhlf*. *Phil*. *tom*. 1.
p. 96. *tab*. 6. *fig*. 15. *tom*. 2. *p*. 69.
(Ajaccio, in rupibus coralligenis.) R.

*212. *ter*. Orthis lunifera. *Phil*. *tom*. 2. *p*. 69.
tab. 6. *fig*. 16.
(Ajaccio, in rupibus madreporicis.) R.

*312. *quater*. Orthis anomioides. *Scacchi et Phil*.
tom. 2. *p*. 69. *tab*. 18. *fig*. 9.
(Ajaccio, in rupibus coralligenis.) R.

Page 36 , après le n° 214, ajoutez :

*214. *bis*.   Hyalea vaginella. *Cantraine*. *Phil*.
tom. 2. *p*. 71.
H. *Uncinata Hæninghaus*. *Phil*.
tom. 1. *p*. 101. *tab*. 6. *fig*. 18.
(Ajaccio, in rupibus madreporicis.) R.

Id. après le n° 218 , ajoutez :

LVIII. *bis*. ODONTIDIUM. *Phil*.

*218. *bis*. Rugulosum , *Phil*. *tom*. 1. *p*. 102.
tab. 6. *fig*. 20. *tom*. 2. *p*. 73.
(Ajaccio.) R.

Page 37 , après le n° 225 , ajoutez :

*225. *bis*.   Chiton pulchellus. *Phil*. *tom*. 2.
p. 83. *tab*. 19. *fig*. 14.
(Ajaccio, in rupibus madreporicis) R.

Page 40 , après le n° 249, ajoutez :

*249. *bis*.   Emarginula pileolus. *Mich*. *fig*. 23-
-24. *Phil*. *tom*. 2. *p*. 89.
Em. *Capuliformis*. *Phil*. *tom*. 1. *p*. 116.
tab. 7. *fig*. 12.
(Ajaccio, in rupibus coralligenis) R.

Page 41 , n° 257 , après *Mich*. ajoutez : *fig*. 9.

Page 46, après le n° 320, ajoutez :
*320. *bis*. HELIX RUPESTRIS. *Drap.*
(Bonifacio.) R.

Page 49, n° 351, ajoutez le synonyme suivant :
Auricula minima. Drap.

Page 50, n° 360, après *Mich.* ajoutez : *fig.* 15-16.

Page 59, n° 433, ajoutez le synonyme suivant :
Tornatella Lactea. Mich. fig. 21-22.

Page 63, genre VERMETUS, supprimez les n°ˢ 459, 460 et 461.
V. Pliciferus, Bicarinatus et Glomeratus.

Page 64, n° 446, après *Mich.* ajoutez : *fig.* 1.

Page 67, n° 487, après *Mich.* ajoutez : *fig.* 12.

Page 69, n° 498, ajoutez le synonyme suivant :
Monodonta. Belliœi. Mich. fig. 10-11.

Page 70, n° 505, ajoutez le synonime suivant :
Phasianella Tenuis. ¦Mich.? *fig.* 19-
-20.

Page 72, n° 515, au lieu de *Cerithium lima*, lisez :
515. CERITHIUM SCABRUM. *Olivi.* (MUREX.)
Desh. in Lam. edit. 2ᵃ *n°* 35 *in nota.*
C. Lima. Brug. Lam. Phil.
C. Lutreillii. Payr. p. 143. *tab.* 7.
fig. 9-10.

Page 73, n° 521, après *Mich.* ajoutez : *fig.* 2-3.
N° 524, après *Mich.* ajoutez : *fig.* 6.
N° 526, après *Mich.* ajoutez : *fig.* 4-5.

Page 73, après le n° 524, ajoutez :

*524. *bis*. Pl. Fusiforme.

Testa angusta, fusiformi. acuta, non decussata, anfractibus bi-tricostatis, cauda longiuscula, costata ; strigis fulvis longitudinalibus, obliquis.

Long. 4. lat. 1 1/2.

(Ajaccio, in rupibus coralligenis.) R.

Page 75, n° 541, ajoutez les synonymes suivants :

Nesea granulata *Risso* , n° 585. *fig*, 67.

Nesea mamillata *Risso* n° 586. *fig*. 69.

Supprimez la variété *Multicostata* , et ajoutez après :

N° * 541. *bis*. Pl. Chauveti.

Testa turrita, obtusiuscula, subventricosa, albida : anfractibus convexis, costis 20-22 longitudinalibus, perlatis, fusco-luteis ; apertura ovato-oblonga, dimidiam spiram fere æquante.

Differt a *Perlato* numero costarum, apertara, crassitudine, etc.

Long. 6. lat. 2 1/2.

Abbati Chauvet Cucuronensi dicatum.

(Campo-Moro.) R.

Page 90, après le genre Serpula , ajoutez :

CLXI. *bis*. VERMILIA. *Lam*.

†645. *bis*. V. Plicifera. *Lam*.

(Corse, *Payraudeau*.)

†645. *ter*. V. Bicarinata. *Lam*.

(Corse, *Payraudeau*.)

*645. *quater*. V. Squamosa.

Testa tereti, flexuosa, appressa, vermiculato-squamosa. porosa, scabra, dorso carinata : apertura rotunda. regulari.

Diam. tubi. 6.

(Ajaccio, in rupibus coralligenis.) R.

*645. *quintum*. V. Quadricostata.

Testa cylindrica, repente, flexuosa, costis 4 dorsalibus,
rectis, elevatis.

Diam. tubi. 5.

(Ajaccio, in rupibus coralligenis.) R.

*645. *sexto*. V. Echinata.

Testa cylindrica flexuosa, pallide rubra, costis circiter
6, dorsalibus, echinato-muricatis : subtus lævi : apertura in-
fundibuliformi.

Var. Major.

Diam. tubi. 3.

Var. Media.

Diam. tubi. 2.

Var. Minor, hispida; an species distincta?

Diam. tubi. 1.

(Ajaccio, in rupibus coralligenis.)

*645. *septimum*. V. Planata.

Testa repente, flexuosa, alba, valde depressa. longitudinaliter bisulcata.

Diam. tubi. 1 1/2.

(Ajaccio, in rupibus coralligenis.) R.

*645. *octavum*. V. Tricuspis.

Testa sub-tereti, repente, flexuosa, pellucida, longitudinaliter tricarinata, carina dorsali majore, decurrente,
aculeata, aculeis triangularibus : apertura trispinosa.

Diam. tubi. 2.

An Serpula Echinata. Lam. n° 21?

(Ajaccio, in rupibus coralligenis.) R.

*645. *nonies*. V. Septata.

Testa parva, cylindrica, contortuplicata, longitudinaliter
costata, costis muticis, parietibus tubi regulariter septatis.

Diam. tubi. 1.

An hujus generis?

Testa detrita utrinque porosa videtur.

Ajaccio. R.

NOTES.

J'ai inséré dans mon Catalogue une espèce fossile des environs d'Aléria : *Cytherea Dianæ*, n° 96; voici deux autres espèces de la même localité, qui me paraissent nouvelles :

PANOPEA ALERLE.

> Testa magna, oblonga, latere antico parum hiante, rotundato, latiori; latere postico valde hiante, coarctato; sinu palliari lato, laterali magno acuto.

> Long. 80, lat. 150, crass. 60.

BUCCINUM CROZETI. (TRITONIUM.)

> Testa ovato-conica, ventricosa, transversim grosse striata, subtuberculata, striis longitudinalibus decussata, longitudinaliter plicata, plicis crassis, obliquis, undalis; aufractibus convexis; spira acuta : apertura magna, ovata.

> Affinis *Buccino undato. L.*

> Long. 70, lat. 50.

> Abbati Crozet Lugdunensi, Eleemosinario Sororum Sancti Josephi in Corsica dicatum.

S'il m'était permis de donner un avis, je proposerais de conserver au genre *Tritonium Muller*, qu'a adopté M. DESHAYES dans la 2ᵉ édition de LAMARCK, l'ancien nom de LINNÉ, *Buccinum*, parce que je crois que les *Tritonium Undatum* et *Glaciale* sont les types du genre linnéen. En ce cas, il faudrait donner un nouveau nom générique aux espèces de *Buccin* auxquels M. DESHAYES a conservé ce nom, et on pourrait leur donner le nom générique de DESHAYESIA. De cette manière, on ferait disparaître ce nom de *Tritonium*, qu'il est si facile de confondre avec *Triton* et *Tritonia*.

———

Le fond de la rade d'Ajaccio est en partie couvert de blocs solides ou poreux, que rapportent fréquemment les filets des corailleurs. Ces blocs, souvent percillés, sont formés par une pâte crétacée, quelquefois fort dure, et donnent naissance à beaucoup d'espèces de Zoophytes, Madrépores, Gorgones, Corail, Flustres, Sertulaires, etc. Sur ces blocs et dans leurs cavités vivent bon nombre d'espèces de petits Mollusques, des *Saxicaves*, des *Byssomies*, des *Peignes*, des *Lithodomes*, des *Térébratules*, des *Rissoa*, des *Troques*, des *Monodontes*, des *Ovules*, etc. Quelques-unes de ces coquilles sont presque à l'état fossile. Je citerai, parmi celles-ci, les espèces suivantes, que j'ai recueillies ces jours derniers :

Saxicava Guerini.	*Crania ringens.*
Lithodomus lithophagus.	*Hyalea vaginella.*
Terebratula caput-serpentis.	*Rissoa cimex.*
Orthis truncata.	*Trochus sanguineus.*
Orthis detruncata.	*Monodonta limbata*, etc.

	Conchifères.	Ptéropodes.	Gastéropodes mous.	Terrestres ou fluviatiles.	Gast. marins.	Céphalopodes.	Hétéropodes.	Cirrhipèdes.	Annélides.	Total.
Nombre des espèces du Catalogue de Payraudeau.	131	1	10	41	135	8	1	9	20	356
Espèces de M. Payraudeau que je n'ai pas trouvées ou vues en Corse.	32	0	7	9	12	3	1	5	7	76
Espèces que j'ai trouvées ou vues en Corse, et que Payraudeau ne mentionne pas.	95	6	1	61	152	0	1	0	10	326
Espèces que je crois nouvelles.	12	0	0	4	28	0	0	0	7	51
Espèces des catalogues de MM. Shuttleworth et Blauner que je n'ai pas recueillies en Corse.				10						10
Total des espèces mentionnées dans mon Catalogue, les 47 Radiaires non comprises.	230	7	15	98	285	8	2	10	29	681

J'eusse désiré pouvoir comparer la Faune conchyliolo-gique de la Corse avec celle d'autres contrées, de l'Europe surtout; mais n'ayant ici à ma disposition que l'ouvrage de PHILIPPI sur la Sicile, le Catalogue des testacés du département du Finistère, par M. COLLARD DES CHERRES, et celui des Mollusques marins du Boulonnais, par M. BOUCHARD-CHANTEREAUX, je suis forcé de restreindre mon travail à ces deux localités.

	Conchifères.	Ptéropodes.	Gastéropodes mous.	Terrestres et fluviatiles.	Gast. marins.	Céphalopodes.	Hétéropodes.	Cirrhipèdes.	Annélides.	Total.
Espèces siciliennes d'après Philippi.	220	13	59	180	315	21	8	18	7	841
Espèces corses.	230	7	15	98	285	8	2	10	29	684
Espèces communes aux deux îles.	165	7	10	61	214	8	2	6	3	476
Différence entre les deux îles.	10	6	44	82	30	13	6	8	22	157

Ainsi, la Sicile possède, de plus que la Corse, 157 espèces. On ne sera pas étonné de cette différence, si on considère la position plus méridionale de la Sicile, sa surface et son perimètre beaucoup plus grands; elle possède en outre beaucoup d'amateurs de Conchyliologie, parmi lesquels plusieurs savants distingués, qui ont illustré cette science par leurs ouvrages, tandis qu'en Corse, aucun de ses habitants ne s'occupe des sciences naturelles. La Sicile a été parfaitement explorée, tandis que la Corse ne l'a été que par quelques continentaux qui n'ont fait que traverser l'île, et n'ont visité qu'une faible partie de ses rivages.

La plus grande différence qui existe dans le tableau ci-dessus se trouve, 1° dans les Mollusques mous, qu'il est presque impossible de se procurer en Corse; 2° dans les terrestres et fluviatiles, dont le nombre est bien plus considérable en Sicile. Cela vient de ce que le terrain calcaire abonde en Sicile, tandis que la Corse est toute granitique du côté occidental, et presque en entier de terrain de transition du côté oriental, où se trouvent seulement trois petites oasis de terrain tertiaire, à St-Florent, à Aléria et à Bonifacio. Dans les terrains anciens, à peine si l'on trouve une cinquantaine d'espèces terrestres ou fluviatiles, et encore clairsemées, excepté pourtant les *Hélix aspersa* et *vermiculata*, communes partout, tandis qu'à peu d'exceptions près, on en trouve une centaine dans les terrains calcaires, qui sont pourtant très-circonscrits. On peut donc espérer que la Corse, mieux étudiée, présentera un jour un nombre à peu près aussi grand d'espèces de Mollusques que la Sicile, malgré les avantages de position que la Sicile a sur la Corse.

	Conchifères.	Ptéropodes.	Gastéropodes mous.	Terrestres et fluviatiles.	Gastéropodes marins.	Céphalopodes.	Hétéropodes.	Cirrhipèdes.	Annélides.	Radiaires.	Total.
Espèces du Finistère d'après M. Collard Des Cherres.	144			69	88	5		15	13	9	343
Espèces Corses.	230	7		98	285	8		10	29	20	689
Espèces communes aux deux localités.	76			40	45	3		5	8	6	183
Différence entre les deux localités.	86	7		29	197	3		-5	16	11	346
Esp. du Boulonnais, d'après M. Bouchard-Chantereaux.	67	0	11		42	4			1		125
Espèces de Corse.	230	7	15		285	8			5		550
Espèces communes aux deux localités.	33	0	1		17	4			1		56
Différence entre les deux localités.	163	7	4		243	4			4		425

Ainsi, la Corse, possède le double d'espèces de plus que le département du Finistère, et quatre fois plus que celui du Pas-de-Calais.

Ce qui m'a surtout étonné, moi qui connais à peine les rivages de l'Océan, c'est de voir qu'ils sont si pauvres en petites espèces des genres *Bulla*, *Rissoa*, *Eulima*, *Chemnitria*, etc. qu'on trouve si fréquemment sur les plages de la Corse et de la Provence.

Parmi les espèces dites microscopiques, je n'ai pu mentionner quelques *Foraminifères* que j'ai recueillies dans le sable de la rade d'Ajaccio, parce que je n'ai pu les déterminer, faute d'ouvrages au niveau de la science. Voici un aperçu de ce que j'ai trouvé :

Miliola, trois espèces.
Cristellaria, deux *id.*
Discorbis, une *id.*
Vorticialis, une *id.*
Etc.

Si j'avais mis plus de temps à étudier les coquilles terrestres et fluviatiles de cette île, j'aurais pu augmenter , dans mon Catalogue, le nombre des espèces, et surtout des variétés de ce genre ; mais mon ami MOQUIN-TANDON, professeur de Botanique à Toulouse , s'occupant d'un travail général sur les Mollusques terrestres et fluviatiles de la France entière , parmi lesquels il comprendra ceux de la Corse, j'ai cru devoir laisser ce soin à ce savant et consciencieux observateur.

P. S. Je termine ce Catalogue, que m'ont généralement demandé les personnes qui, en Corse, s'occupent de conchyliologie. J'ai peut-être eu tort de céder à leurs instances , car certainement, dans un travail fait à la hâte, j'ai dû laisser échapper des erreurs ; mais je tâcherai de les corriger dans la description que je compte publier plus tard, lorsque j'aurai mieux étudié le pays, que j'aurai pu compulser les ouvrages classiques , et surtout comparer mes espèces avec celles des autres localités.

Ajaccio, 1ᵉʳ septembre 1848.

E. R.

ERRATA.

———

Page **vi**, ligne 19, après le mot *nommant* , ajoutez .
Pouzolzii.

xii, *id.* 3 , au lieu de *Annelodes*, lisez : *Annélides*.

id. 9-10. au lieu de *Pirajno* , lisez : *Pirajno.*

15, n° 20 , après *præcedentis*, ajoutez la localité :
(St-Florent.) C.

16, *id.* 34, ajoutez la localité :
(Ajaccio.) R.

26, ligne 8, au lieu de *apicularis* , lisez : *Var.
apicalis.*

27, ligne 1 , supprimez : R.

id. n° 128, *id.* C. avant *Venericardia.*

36, n° 216, au lieu de *lanceoluta*, lisez : *lanceolata.*

39, *id.* 246, ajoutez la localité :
(Ajaccio.) R.

43, *id.* 248, après *Shuttlesworth*, ajoutez : *p.* 13.

45, n° 303, supprimez : R. avant *Drap.*

id. *id.* 308, après *Shuttlesworth*, ajoutez : *p.* 15.

48, *id.* 341, après *Shuttlew.*, ajoutez : *p.* 18.

id. *id.* 342, après *Shuttlew.*, ajoutez : *p.* 18.

65, n° 480, après *Tr. Matonii*, ajoutez : *Payr.*

75, dernière ligne de la note, supprimez la virgule.

76, n° 545, après *Risso* , ajoutez : *n°* 131.

89, n° 627, au lieu de *Muticata*, lisez : *Muricata.*
Aux numéros 21, 25, 26, 32, 36, 45, 146,
171 , ajoutez : R.

Avant les numéros 151, 246, 253, 588, ajoutez : *
Avant le numéro 649, ajoutez : †

———

INDEX.
